# 新编 百姓家常菜3600例

甘智荣 著

新疆人民出版总社
新疆人民卫生出版社

图书在版编目（CIP）数据

新编百姓家常菜3600例 / 甘智荣著. -- 乌鲁木齐 : 新疆人民卫生出版社, 2016.11

ISBN 978-7-5372-6778-6

Ⅰ. ①新… Ⅱ. ①甘… Ⅲ. ①家常菜肴－菜谱 Ⅳ. ①TS972.12

中国版本图书馆CIP数据核字（2016）第277571号

新编百姓家常菜3600例

XINBIAN BAIXING JIACHANGCAI 3600 LI

出版发行 新疆人民出版总社 新疆人民卫生出版社
责任编辑 贺丽
策划编辑 深圳市金版文化发展股份有限公司
摄影摄像 深圳市金版文化发展股份有限公司
封面设计 深圳市金版文化发展股份有限公司
地 址 新疆乌鲁木齐市龙泉街196号
电 话 0991-2824446
邮 编 830004
网 址 http: //www.xjpsp.com

印 刷 深圳市雅佳图印刷有限公司
经 销 全国新华书店
开 本 173毫米×243毫米 16开
印 张 23
字 数 250千字
版 次 2016年12月第1版
印 次 2019年9月第9次印刷
定 价 39.80元

# Contents 目录

## 第1章 下厨必备的烹饪常识与技巧



## 第2章 经典家常好味道

### Part1 蔬菜类

## Part2 菌菇类



## Part3 豆类



## Part4 畜肉类

## Part5 禽肉类



## Part6 蛋奶类



## Part7 海鲜类

# 第3章 滋补汤煲最养人

## Part1 蔬菜类

## Part2 畜肉类



## Part3 禽蛋类

Part4
## 水产类



# 第4章 花样主食变着吃

Part1
## 米香醉人

Part2
## 面面俱到



Part13
## 浓香粥品

# Part 1

# 下厨必备的烹饪常识与技巧

餐馆酒楼的佳肴再诱人，也始终无法取代“家的味道”。然而，如何烹饪出干净卫生、营养均衡又美味的家常美食，也是一门不小的学问。本章将从食材、工具的选购，刀工、火候的掌握，调味料的配备，烹饪技巧等方面详细教你如何做出色香味俱全的家常菜。

# 家常菜必备食材的选购

烹饪中常用的食材品种繁多，有蔬菜、肉类、水产海鲜等，不同的食材有不同的烹饪方式。而食材的选购是否恰当、新鲜与否也会影响到成菜的口感。

## 如何选购新鲜的蔬菜

### 白菜

叶子带光泽，且颇具重量感的白菜才新鲜。切开的白菜，切口白嫩表示新鲜度良好。切开时间久的白菜，切口会呈茶色，要特别注意。

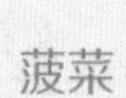

### 菠菜

挑选菠菜时，菜叶无黄色斑点，根部呈浅红色为上品。

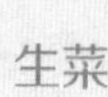

### 生菜

购买生菜时应挑选叶子肥厚、叶质鲜嫩、无焉叶、无干叶、无虫害、无病斑、大小适中的为好。

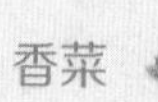

### 香菜

选购时应挑选苗壮、叶肥、新鲜、长短适中、香气浓郁、无黄叶、无虫害的。

### 花菜

选购花菜时，应挑选花球雪白、坚实、花柱细、肉厚而脆嫩、无虫伤、无机械伤、不腐烂的。此外，可挑选花球附有两层不黄不烂青叶的花菜。花球松散、颜色变黄甚至发黑、湿润或枯萎的花菜质量低劣，食味不佳，营养价值低。

### 白萝卜

萝卜皮细嫩光滑，比重大，用手指轻弹，声音沉重、结实的为佳，如声音混浊则多为糠心。选购时以个体大小均匀、根形圆整、表皮光滑的白萝卜为优。

### 芦笋

芦笋以柔嫩的幼茎作蔬菜。出土前采收的幼茎色白幼嫩，称为白芦笋；出土见光后才收的幼茎呈绿色，称为绿芦笋。白芦笋以全株洁白、笋尖鳞片紧密、未长腋芽者最佳；绿芦笋笋尖鳞片紧密未展开、笋茎粗大、质地脆嫩者，口感最好。

### 竹笋

选购竹笋首先要看色泽，具有光泽的为上品。竹笋买回来如果不马上吃，可在竹笋的切面上涂抹一些盐，放入冰箱冷藏室，这样就可以保证其鲜嫩度及口感。

### 山药

挑选山药的时候，首先要关注的是山药的表皮，表皮光洁、没有异常斑点的才是好山药。有异常斑点的山药不建议购买，因为受病害感染的山药的食用价值已大大降低。其次是辨外形，太细或太粗的、太长或太短的都不够好，要选择那些直径在3厘米左右、长度适中、没有弯曲的山药。最后是看断层，断层雪白、带黏液而且黏液多的山药为佳品。

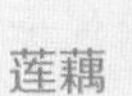

### 莲藕

莲藕鲜嫩无比，一般能长到1.6米左右，通常有4~6节。最底端的莲藕质地粗老，顶端的一节带有顶芽，太鲜嫩，最好吃的是中间的一部分。选购时，应选择那些藕节粗短肥大、无伤无烂、表面鲜嫩、藕身圆而笔直、用手轻敲声厚实、皮颜色为茶色、没有伤痕的藕。

### 丝瓜

丝瓜的种类较多，常见的有线丝瓜和胖丝瓜两种。线丝瓜细而长，购买时应挑选瓜形挺直、大小适中、表面无皱、水嫩饱满、皮色翠绿、不焉不伤者。胖丝瓜相对较短，两端大致粗细一致，购买时以皮色新鲜、大小适中、表面有细皱，并附有一层白色绒状物、无外伤者佳。

### 黄瓜

刚采收的小黄瓜表面有小疙瘩凸起，一摸有刺，是十分新鲜的。颜色翠绿有光泽，再注意前端的茎部切口，颜色嫩绿、漂亮的才是新鲜的。

### 苦瓜

购买苦瓜时，宜选用果肉晶莹肥厚、瓜体嫩绿、皱纹深、掐上去有水分、末端有黄色者为佳。过分成熟的稍煮即烂，失去了苦瓜风味，不宜选购。

### 西红柿

果蒂硬挺，且四周仍呈绿色的西红柿才是新鲜的。有些商店将西红柿装在不透明的容器中出售，在未能查看果蒂或色泽的情况下，最好不要选购。

### 茄子

深黑紫色，具有光泽，且蒂头带有硬刺的茄子最为新鲜，带褐色或有伤口的茄子不宜选购。若茄子的蒂头盖住了果实，表示尚未成熟。

### 红薯

要优先挑选纺锤形状、表面看起来光滑、闻起来没有霉味的红薯。

玉米 

玉米清香、糯甜，是人们爱吃的粗粮作物。选购玉米时，应挑选苞大、籽粒饱满、排列紧密、软硬适中、老嫩适宜、质糯无虫者。

土豆 

应选表皮光滑、个体大小一致、没有发芽的土豆为好，因为长芽的土豆含有毒物质——龙葵素。

## 如何选购新鲜的肉类

猪肉

新鲜猪肉红色均匀，有光泽，脂肪洁白；外表微干或微湿润，不黏手；指压后凹陷立即恢复；具有鲜猪肉的正常气味。次鲜猪肉的颜色稍暗，脂肪缺乏光泽；外表干燥或黏手，新切面湿润；指压后凹陷回复慢或不能完全恢复；有氨味或酸味。

牛肉

新鲜牛肉呈均匀的红色，且有光泽，脂肪为洁白或淡黄色，外表微干或有风干膜，富有弹性。

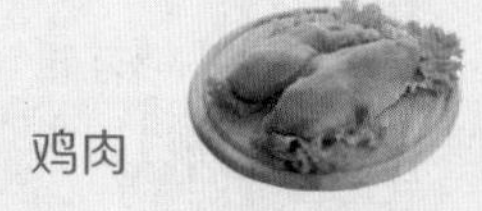

鸡肉

健康的鸡羽毛紧密而油润；爪壮实有力，行动自如。如果购买已经宰杀好的鸡，要注意是否在鸡死后宰杀：屠宰刀口不平整、放血良好的是活鸡屠宰；刀口平整，甚至无刀口，放血不好，有残血，血呈暗红色，则可认定为死后屠宰的鸡。

鸭肉

好的鸭肉肌肉新鲜、脂肪有光泽。注过水的鸭，翅膀下一般有红针点或乌黑色，其皮层有打滑的现象，肉质也特别有弹性，用手轻轻拍打，会发出“噗噗”的声音。

## 如何选购新鲜的水产海鲜

鱼

质量上乘的鲜鱼，眼睛光亮透明，眼球略凸，眼珠周围没有充血而发红；鱼鳞光亮、整洁、紧贴鱼身；鱼鳃紧闭，呈鲜红或紫红色，无异味；腹部发白不膨胀，鱼体挺而不软，有弹性。若鱼眼混浊，眼球下陷或破裂，脱鳞腮涨，肉体松软，污秽色暗，有异味的，则是不新鲜的鱼。

虾

新鲜的虾色泽正常，体表有光泽，背面为黄色，体两侧和腹面为白色。一般雌虾为青白色，雄虾为淡黄色，通常雌虾大于雄虾。虾体完整，头尾紧密相连，虾壳与虾肉紧贴。用手触摸时，感觉硬实而富有弹性。

螃蟹

螃蟹要买活的，千万不能食用死螃蟹。最优质的螃蟹蟹壳青绿、有光泽，连续吐泡有声音，翻扣在地上能很快翻转过来，蟹腿完整、坚实、肥壮，腿毛顺，爬得快，腹部灰白，脐部完整饱满，用手捏有充实感，分量较重。

# 02 烹饪常用基本功

拌

拌是冷菜中常见的制作手法，操作时把生的原料或晾凉的熟料切成丝、丁或者片等形状，再加上各种调料，拌匀即可。

腌

腌最早是人们用来储存食材的一种方式，现在也是冷菜的一种烹调方法。将原材料放在调味卤汁中浸渍，或者用调味品涂抹、拌和原材料，使其部分水分排出，从而使味道渗入食材当中。

炒

炒是最广泛使用的一种烹调方法，以油为主要导热体，将原料用中旺火在较短时间内加热成熟，烹制成菜肴的一种方法。

烧

烧是烹调中国菜肴的一种常用技法，先将主料进行一次或两次以上的预热处理之后，放入汤中调味，大火烧开后小火烧至入味，再大火收汁成菜的烹调方法。

### 蒸

蒸是一种重要的烹调方法，其原理是将原料悬空架在容器中，以锅内蒸汽加热至熟，使调好味的食材酥烂入味。其特点是最大程度地保留了食材的造型与原味。

### 炸

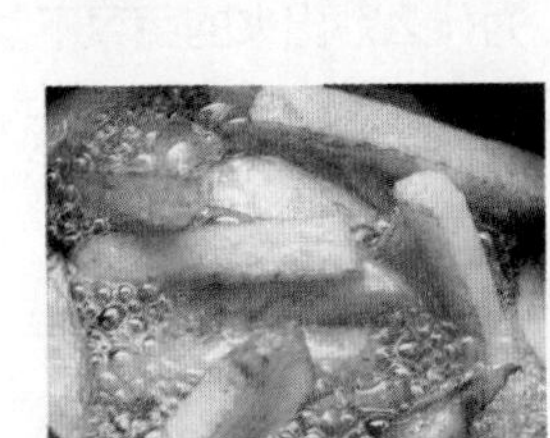

炸是油锅加热后，放入食材，以食用油为介质，使其成熟的一种烹调方式。采用这种方法烹制的食材，一般要间隔炸两次才能酥脆。炸的烹调方法特点是香、酥、脆、嫩。

### 煮

煮是将原材料放入大量水或高汤中，用大火煮沸，再转中小火慢慢煮熟。煮的时间较短，一般适用于质软易熟的食材。

### 煲

煲就是用小火长时间煨制。煲制好的食材酥烂入味，汤品醇厚鲜香，常用于烹制难熟透的食材。

# 03 家常食材的烹饪技巧

为什么炒出来的蔬菜不够清爽？为什么肉块煮出来的口感那么老？为什么做出来的鱼肉腥味那么大？在学习烹饪的过程中，了解一些小技巧，能帮助你做出更美味的菜肴。

## 蔬菜

### 炒苋菜

在冷锅冷油中放入苋菜，再用旺火炒熟。这样炒出来的苋菜色泽明亮、滑润爽口，不会有异味。

### 炒藕片

将嫩藕切成薄片，入锅爆炒，颠翻几下，放入适量盐便立即出锅。这样炒出的藕片会洁白如雪、清脆多汁。如果炒藕片越炒越黏，可边炒边加少许清水，不但好炒，而且炒出来又白又嫩。

### 炒胡萝卜

胡萝卜素只有溶解在油脂中才能被人体吸收，因此，炒胡萝卜时要多放些油，同肉类一起炒最好。

### 炒豆芽

炒的速度要快。脆嫩的豆芽往往会有涩味，可在炒时放一点醋，既能去除涩味，又能保持豆芽爽脆鲜嫩的口感。

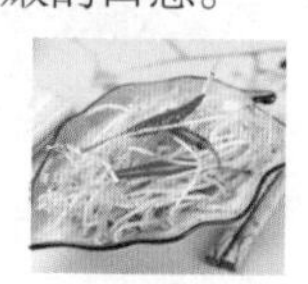

### 炒青椒

炒青椒要用急火快炒，炒时加少许盐、醋，快炒几下，出锅装盘即成。

### 炒芹菜

先将油锅用猛火烧热，再将芹菜倒入锅内快炒熟，这样炒出的芹菜鲜嫩、脆滑、可口。

### 煮玉米

煮玉米时，不要剥掉所有的皮，应留下一两层嫩皮，煮时火不要太大，要用温水慢煮。如果是剥过皮的玉米，可将皮洗干净，垫在锅底，然后把玉米放在上面，加水同煮，这样煮出的玉米鲜嫩味美、香甜可口。

### 煮土豆

煮土豆之前，先将其放入水中浸泡20分钟左右，再放入锅中煮，等水分充分渗透到土豆里，土豆就不会被煮烂了。此外，用白开水煮土豆时，在水中加一点牛奶，不但能使土豆味道鲜美，而且还可防止土豆发黄。

### 煮南瓜

煮南瓜不要等水烧开了再放入，否则等内部煮熟了，外部早就煮烂了。煮南瓜的正确方法是将南瓜放在冷水里煮，这样煮出来的南瓜才会内外皆熟。

## ●肉类

### 炖煮猪肉

做家常炖猪肉时，肉块要切得大一些，以减少肉内鲜味物质的外溢；用旺火猛煮，肉块就不易煮烂，也会使香味减少；在炖煮中，少加水，可使汤汁滋味醇厚。

### 烹饪牛肉

烹煮牛肉前先用刀背拍打牛肉，破坏其纤维组织，可以减少牛肉的韧度。不同部位的牛肉选择不同的烹饪方式：肉质较嫩的牛肉，烧、烤、煎、炒较为合适，如小牛排等；肉质较坚韧的牛肉，则适宜炖、蒸、煮，如牛腩、牛腱、条肉等。

### 炖煮鸡肉

老鸡宰杀前，先灌一汤匙醋然后再杀，用慢火炖煮，可烂得快些。在煮鸡的汤里，放入一小把黄豆、三四个山楂，也可使鸡肉更快烂熟。或者取猪胰一块，切碎后与老鸡同煮，这样容易煮的熟烂，而且鲜汤入味。

### 烹饪鸭肉

先将老鸭用凉水和少许醋浸泡一个小时以上，再用微火慢炖，这样炖出来的鸭肉香嫩可口。此外，锅里加入一些黄豆同煮，不仅会让鸭肉变嫩，而且能使其熟得更快，营养价值也更高。如果放入几块生木瓜，木瓜中的木瓜醇素可分解鸭肉蛋白，可使鸭肉变嫩，也能缩短炖煮的时间。

## 水产海鲜类

### 鱼类

我们都知道，鱼的烹饪经常会用姜来去腥，很多人都习惯将姜与鱼一起入锅以更好地去除腥味。其实，用姜去腥的话，不要过早地放入姜，过早放入反而容易削减姜的去腥效果。最佳的做法应该是在鱼入锅煮一会儿后再放入姜，这样姜的去腥效果更好，而且鱼的味道更鲜。除此之外，淋入适量的醋或料酒，也有去腥增鲜的作用。

### 虾类

比如炒虾仁，在洗涤虾仁时放进一些小苏打，使原本已嫩滑的虾仁再吸入一部分水，再通过上浆有效保持所吸收的水分不流失，虾仁就变得更嫩滑和富有弹性了。

### 螃蟹

蒸煮螃蟹时，一定要凉水下锅，这样蟹腿才不易脱落。由于螃蟹是在淤泥中生长的，体内往往带有一些毒素，所以在蒸煮螃蟹时一定要蒸熟蒸透。一般来说，根据螃蟹的大小，在水烧开后再煮8~10分钟为宜，这样肉会熟烂，但不会过烂。螃蟹彻底煮熟的标志是蟹黄已经呈红黄色，这样就表明螃蟹可以食用了。

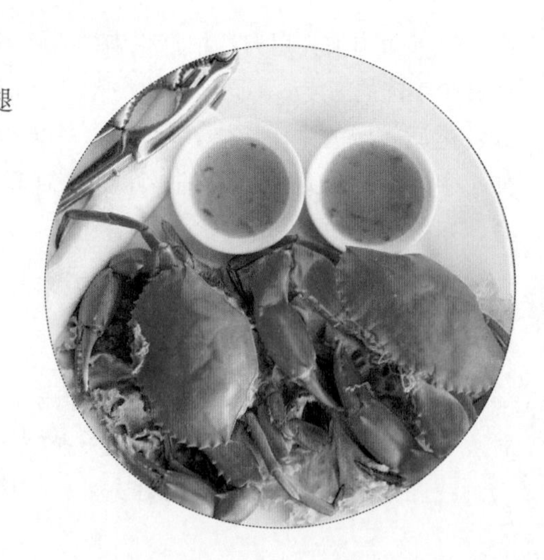

# 04 家常菜常用烹饪工具

在家做一道大家都爱吃的家常菜，估计是很多人在家宴请朋友的美好心愿。但当我们开始着手加工烹饪时，却发现其实没有那么简单。刀工、火候、工具，每一个环节都影响着菜肴的色香味。下面我们就从工具入手，向大家介绍一下制作家常菜常用的工具。

水果刀

市场上的水果刀的材质有不锈钢、塑料，从形状上来看有直的、折叠的，甚至还有旋刨式的、环形的等等。水果刀刀身轻短，使用灵活快速。

万用刀

刀身较重，可砍可切。

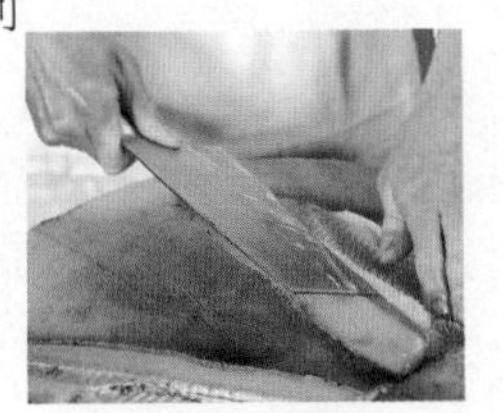

鱼刀

鱼刀是用来刨鱼的，刀身特别细，适合刨鱼。

肉刀

刀刃锋利，切割迅速，与万用刀相比刀身较薄。

刨刀

用于刨削加工、具有一个切削部分的道具，可用来去除蔬菜外皮，如胡萝卜皮、丝瓜皮、土豆皮等。

剪刀

可用来煎虾须、鱼鳃、蟹脚等，有些剪刀还可以开罐、剖坚果壳。

炒锅

根据自己的使用习惯确定选择哪一种炒锅。有“翻锅”习惯的人，最好选择轻一点儿、有单边把手的锅；注重耐热程度的人，可以选择重一点儿，但使用寿命较长的不锈钢锅；对健康理念十分在意的人，可以选择不粘锅。

汤锅

经常用来炖煮，因此容量就显得很重要，一般是以盛下一只重约1200克的鸡为标准，再加上水，购买2升容量的汤锅是最合适不过的了。选择不锈钢材质的汤锅比较好。

### 砂锅

挑选砂锅的时候先摸摸锅的表面，毛孔细小一点儿的比较好。另外，应选择锅盖凸起来的砂锅，这样的砂锅蒸的效果比较好。

### 勺子

勺子是用于盛汤的一种带柄工具，多为不锈钢制品，也有用其他金属或瓷器制作的，汤勺为球冠形，有手柄，便于盛汤。

### 锅铲

锅铲的材质有铁质、橡胶等，一般用于炒菜。铲子最好用铁质的，因为炒菜时铲子跟锅的摩擦会有极少部分铁融入菜中，可补充人体对铁的需要。

### 电饭锅

电饭锅是一种能进行蒸、煮、炖、焖、煨等多种加工食材方式的现代化炊具。它不但能把食物做熟，而且能够保温，使用起来清洁卫生，没有污染，省时省力，是比较常用的一种锅具。

### 漏勺

漏勺呈勺子形，中间有很多小孔，常用作捞东西，一般为铝制品。

### 砧板

常用砧板的材质有木质和塑料两种。木质砧板比较重，质地软，表面粗糙，使用时不易滑动，但容易留下刀痕，藏污垢，刷洗起来比较费事。这种材质的砧板适合用来切鱼、肉等生鲜食材。塑料砧板质地较硬，重量轻，一旦工作台表面潮湿有水，就容易滑动。这种材质的砧板适合用来切蔬菜和水果。

# 05 刀工与火候

**中华厨艺素有“三分刀工，七分火候”之说，刀工与火候是决定一道菜成败的关键。**

## 家常菜基本刀工切法

根据原料的不同性质（脆嫩、软韧、老硬）采用不同的运刀方法，切成不同的形状，可使食物在烹制时受热均匀，容易入味。

### 1．块

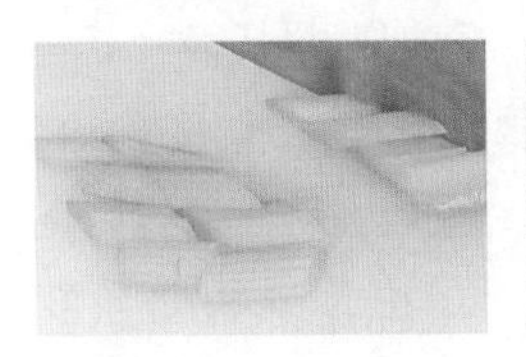

象眼块

象眼块又叫菱形块，将原料改刀切厚片，再改刀切条，斜刀交叉切成。

大小方块

边长为3.3厘米以上的叫大方块，低于3.3厘米的叫小方块，一般是用切和剁的刀法加工而成的。

劈柴块

形状如劈柴。这种形状多用于茭白、黄瓜等原料。例如，拌黄瓜时把黄瓜一刀切开两瓣，再拍松，切成劈柴块，其长短薄厚不一，就像旧时做饭用的劈柴一样。

滚刀块

这种块是用滚刀法加工而成的。先将原料的一头斜切一刀，滚动一下再切一刀，这样切出来的块就叫滚刀块。

## 2. 片

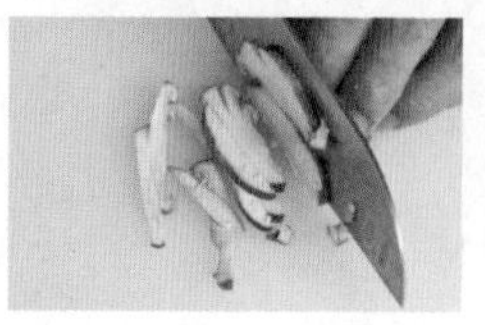

柳叶片

这种片薄而窄长，形似柳叶，一般用切的方法制成。

象眼片

又称菱形片，是将原料改成象眼块（菱形块），再用刀切或片成厚片、薄片而成。

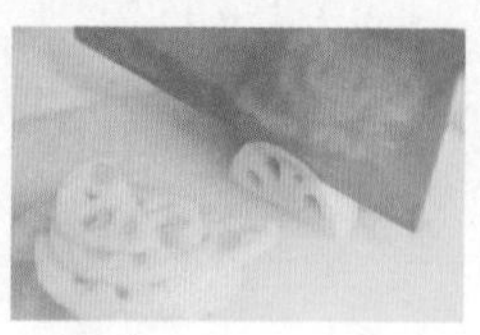

月牙片

先将圆形原料修成或切成半圆形，然后再改切成薄片即成。

厚片、薄片

厚度在0.5~1厘米叫厚片，0.5厘米以下叫薄片，一般用切和片的刀法加工而成。

## 3. 段、球、条、丝

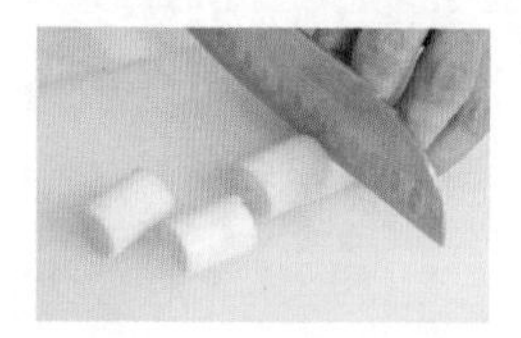

段

根据烹调的需要有所不同。旺火速成的菜肴，原料就要切薄一些、小一些，以便快熟入味；小火慢成的菜肴，原料则要厚一些、大一些，以免烹调时原料变形。

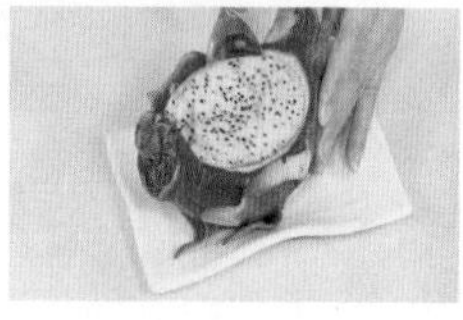

球

球形材料是用挖球器制出来的，多见于地方菜。球形菜料主要以脆性原料为主基料，例如土豆、南瓜、黄瓜、萝卜等。另外，还可以用滑刀的方法制成球状。

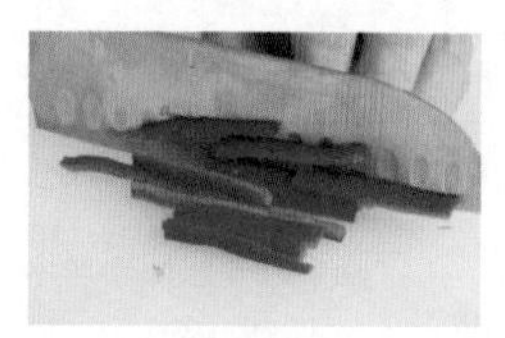

条

先把原料切成厚片，再切成长约4.5厘米、宽和厚约1.5厘米的条。

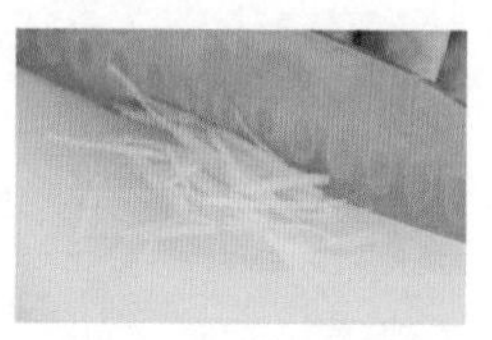

丝

要把原料切成片状再切成丝，长度大约5厘米。切丝时排叠的方法，一种是阶梯式，把片叠起来呈阶梯状依次切下去；第二种是卷筒式，卷叠成筒状再切丝。

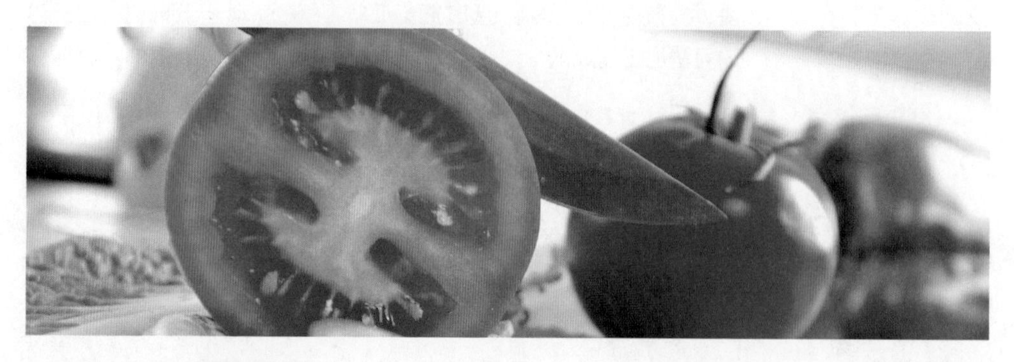

## 4.丁、粒、米、蓉

丁

先把原料片成厚片，切成条或丝，再将条或丝切大丁、小丁、碎丁。

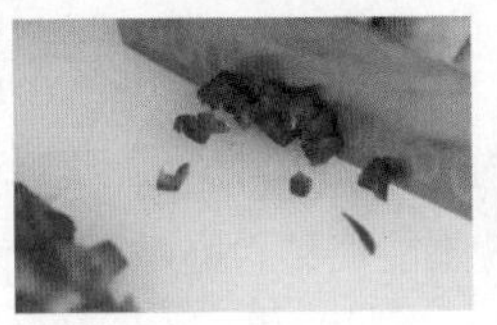

粒

先把原料片成厚片，然后切成条或丝，再将条或丝切成大粒、小粒。

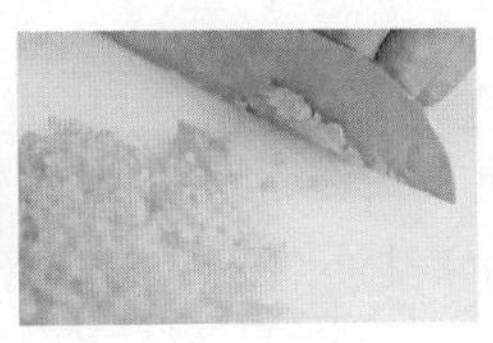

米

是将原料切成细丝，再切成如米粒般大小均匀的细状。

蓉

肉类原料中多指剁成馅料后，再用刀背砸细成泥状。

## 5.花刀

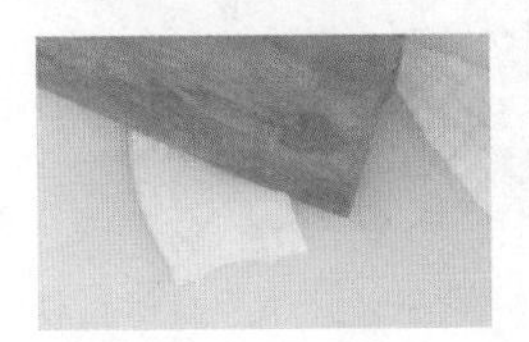

麦穗花刀

先在原料的表面用斜刀剞一条条平行的刀纹，再转动70~80°角，用直刀剞上一条条与原刀纹橡胶成一定角度的平行刀纹，刀口深度均为原料的五分之四，再改刀成较窄的长方块。这样处理过的原料经加热后表面呈麦穗形状，如腰花、墨鱼卷等。

荔枝花刀

这种切法是先以90°的角度直切原料，切完这个方向后，转一个方向，同样以90°的角度直切，成品出来后，食材表面上会呈一粒粒像荔枝的花样。这种切法常用于剞墨鱼、猪肚等。

球形花刀

又叫“松果花刀”，这种切法是先把原料切或片成厚片，再在原料表面剞上刀距比较紧密的十字花纹，刀口深度约为原料的三分之二，然后改刀成正方块或圆块，这样处理过的原料经烹饪后即卷成球形。这种刀法多用于脆性和韧性的原料。

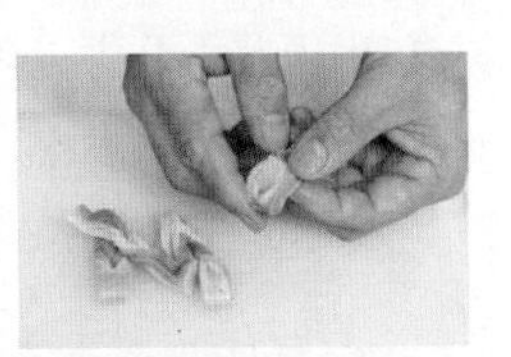

麻花花刀

这种刀法是先将原料改刀成约4.4厘米长、3厘米宽、0.3厘米厚的片，再在中间顺长划开3.5厘米长的口，然后在中间缝口的两边各划一条平行的口，长约3厘米，最后将原料的一端从中间缝口处穿过并拉紧。多适用于肉类食材。

## 火候

火候是烹调技术的关键环节。即使有好的原料、辅料、刀工，若火候不够，菜肴则不能入味，甚至半生不熟；若过火，就不能使菜肴鲜嫩爽滑，甚至会糊焦。

### 掌握好火候的重要性

① 准确把握菜肴的火力大小与时间长短，使原料的成熟恰到好处，就可以避免夹生与过火。

② 一般的菜肴原料经加热之后部分营养成分会分解，恰当使用火候，可减少营养成分的损失。

③ 火候不够，菜肴加热达不到要求的温度，原料中的细菌就不能杀灭。掌握好火候，有杀菌消毒的作用。

④ 中国菜十分讲究色、香、味、形。准确掌握火候，能够使调味品渗入，菜肴嫩滑鲜美，色泽、形状能符合要求。

### 掌握火候的要点

大火

又称烈火，适合炒、爆、蒸等烹饪方式。质地软脆嫩的食材使用旺火烹调，能使主料迅速加热，纤维急剧收缩，吃时口感较嫩且多汁，肉里的动物性蛋白就可以较好地保存下来了。

中火

又叫文火，适合煎、炸等烹饪方式。比如煎鱼时，小火温度不够而易导致粘锅，大火又因为温度过高而糊锅。在煮浓汤时，应选用中火，才能煮出奶白色的靓汤。

小火

适合烧、炖、煮、焖、煨等烹调方式。如炖肉、骨头时要用小火，且食材块越大，火就要越小，这样能使热量慢慢渗入食材，既能把食材煮软煮烂，又能使食材里的营养充分保留。

# Part 2

## 经典家常好味道

想吃美食何必往外跑？家常菜就能做出好味道！每天在家做饭，没几道像样拿手好菜怎么行？好的饭菜让我们身体健康、心情愉悦，本章将介绍多种口味多变、简单易做又美味的经典家常小菜及具体做法，让你不用再愁做什么菜，每天变着花样吃！

**烹饪妙招**

炖白菜时，将白菜撕成片，这样可以使白菜更好地吸收汤汁的滋味。

# 家常炖白菜

烹饪：30分钟　难易度：★★☆

**原 料**

白菜450克，排骨段250克，香菜段、葱、花椒各适量

**调 料**

盐2克，鸡粉1克，食用油适量

**做 法**

1 将白菜洗净，撕成长方片。
2 排骨洗净，切成段。
3 葱切葱段。
4 锅内加适量清水烧开，放入排骨段煮沸。
5 把排骨段捞出洗净。
6 炒锅注食用油烧热，放入排骨段，炒至八成熟。
7 下花椒、葱段炒出香味。
8 加入白菜片炒至变软。
9 倒入汤汁，加盐，用小火炖煮至熟烂。
10 加鸡粉调味，盛出装盘，撒上香菜段即可。

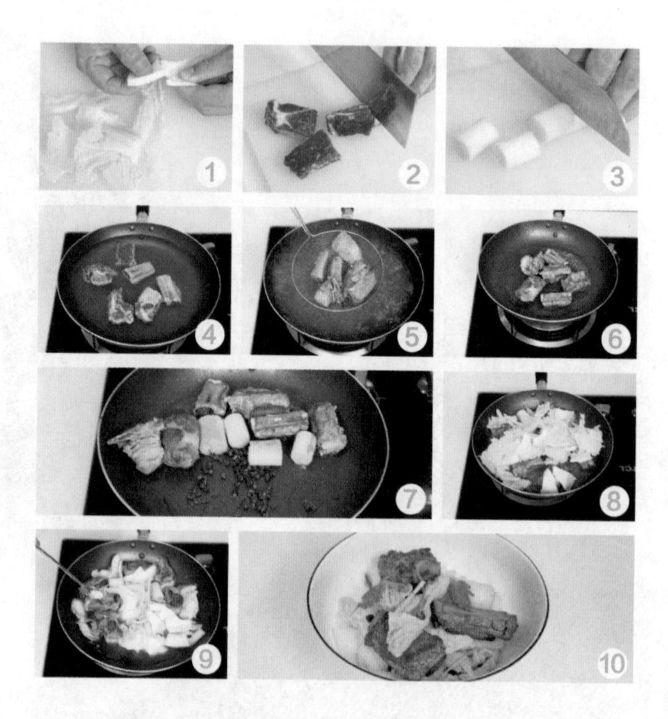

### 烹饪妙招

大白菜不仅食用期长，而且耐藏。在沸水中氽烫的时间不可过长，最佳时间为20~30秒，否则烫得太软太烂就不好吃了。

# 珊瑚白菜

烹饪：20分钟　难易度：★★☆

## 原料

白菜400克，冬笋100克，香菇、干辣椒各50克，青椒、红椒各1个，葱、姜各少许

## 调料

盐2克，糖1克，醋、食用油各适量

## 做法

1. 青椒、红椒分别洗净切丝。
2. 冬笋、香菇分别洗净切丝。
3. 白菜去老叶，洗净，切片。
4. 葱、姜切末。
5. 炒锅注入食用油烧热，下葱末、姜末爆锅，放入青椒丝、红椒丝、冬笋丝、冬菇丝煸炒。
6. 加入糖、醋、盐调味，盛盘待用。
7. 干辣椒放入热油中炸成红油，盛出待用。
8. 将白菜片用沸水氽透，过凉水，控干水分。
9. 在白菜片中放入盐、糖、醋，拌匀。
10. 将炒好的各种菜丝放在白菜上，浇上红油，装盘即可。

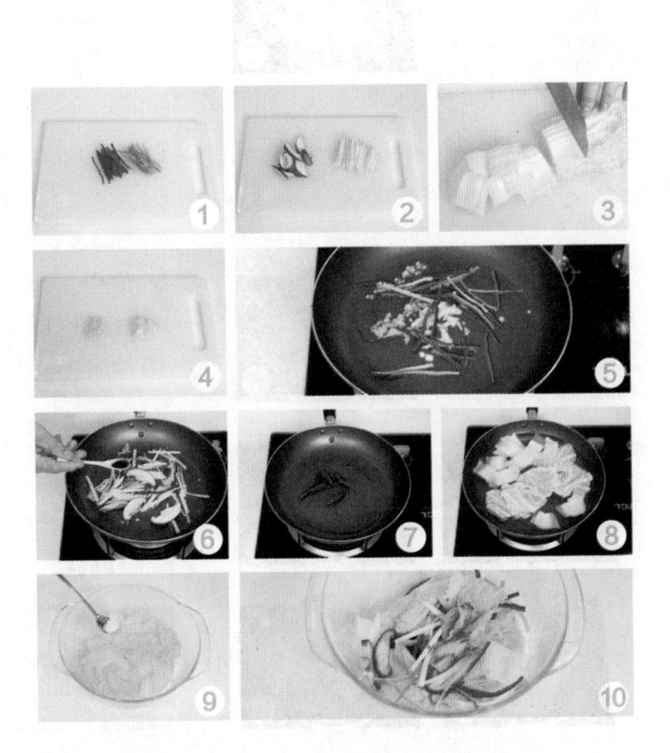

# 老厨白菜

烹饪：10分钟　难易度：★☆☆

## 原料

嫩白菜500克，五花肉200克，粉条100克，青椒、红椒各1个，香菜、大葱、姜各适量

## 调料

酱油5毫升，料酒6毫升，盐2克，鸡粉1克，食用油适量

## 做法

1 嫩白菜洗净，切片。
2 锅中注水烧开，放入白菜片淖烫，捞出。
3 五花肉切大片。
4 粉条放入温水中，泡至滑软，捞出。
5 香菜切段，葱切葱花，姜切片。
6 炒锅注食用油烧热，下葱花、姜片煸香。
7 加入五花肉煸炒。
8 加盐、酱油、料酒，翻炒至五花肉七成熟。
9 放入泡软的粉条、鸡粉，炒熟。
10 放入白菜片炒匀后撒上香菜段，即可出锅。

**烹饪妙招**

食物的投放要有顺序，应先放入肉片炒至略熟，再放入粉条炒匀，最后把容易炒熟的白菜下锅炒熟。

烹饪妙招

用水淀粉勾芡，不仅可以使汤汁浓厚，更可以保护蔬菜中的维生素C，是增强营养、改善口味的极好方法。

# 玻璃白菜

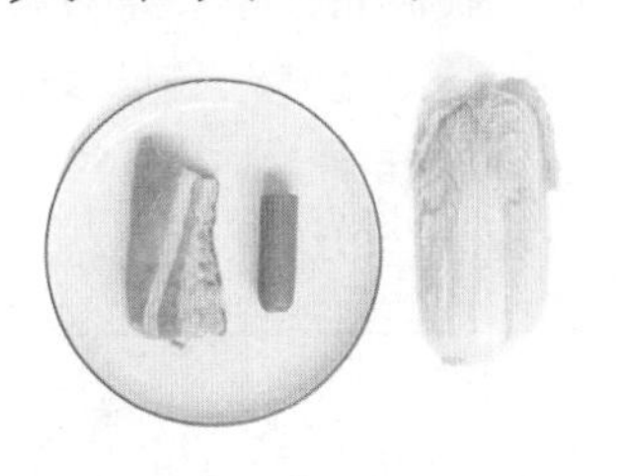

烹饪：25分钟 难易度：★★☆

## 原料

白菜500克，五花肉100克，火腿25克

## 调料

盐2克，鸡粉1克，生抽3毫升，胡椒粉1克，水淀粉、高汤、芝麻油、食用油各适量

## 做法

1 白菜洗净，切片。
2 锅中注水烧开，放入白菜片焯烫，捞出。
3 五花肉切片。
4 火腿切末。
5 五花肉加生抽、鸡粉，拌匀，腌至入味。
6 炒锅注食用油烧热，放入白菜片略炒后，盛出装盘。
7 将五花肉在白菜上，放入蒸锅内。
8 蒸15分钟，滗出蒸出的原汁后，将原汁煮沸，加鸡粉、胡椒粉、芝麻油，用水淀粉勾芡，淋在白菜片上。
9 取出放在案台上。
10 撒上火腿末即可。

# 白灼菜心

烹饪：2分钟 难易度：★☆☆

原料 菜心400克，姜丝、红椒丝各少许

调料 盐10克，生抽5毫升，鸡粉3克，芝麻油、食用油各适量

做法

1 锅中注水烧开，加入食用油、盐。
2 放入菜心，煮至熟后捞出，沥干，装盘。
3 取小碗，加生抽、味精、鸡精，再加煮菜心的汤汁，放姜丝、红椒丝，倒入少许芝麻油，拌匀，制成味汁。
4 盛入味碟，食用时佐以味汁。

烹饪妙招

菜心煮的时间不可太久。

# 蒜蓉菜心

烹饪：2分钟 难易度：★☆☆

原料 菜心400克，蒜蓉15克

调料 盐5克，水淀粉10毫升，白糖3克，料酒、食用油各适量

做法

1 将洗净的菜心修整齐，放入烧开的清水中，加入食用油、盐，焯至熟透。
2 锅中热油，放入蒜末爆香，倒入菜心，炒匀，加入盐、白糖、料酒调味。
3 再倒入少许水淀粉，炒匀后盛出装盘。
4 浇上原汤汁即可。

烹饪妙招

菜心炒太久会影响口感。

烹饪妙招

菠菜用开水烫一下，能去除草酸及涩口的味道。

# 蒜蓉菠菜

烹饪：1分30秒　难易度：★★☆

## 原 料

菠菜200克，彩椒70克，蒜少许

## 调 料

盐2克，鸡粉2克，食用油适量

## 做 法

1 将洗净的彩椒切成粗丝。
2 洗好的菠菜切去根部。
3 蒜剁成末。
4 用油起锅。
5 放入蒜末，爆香。
6 倒入彩椒丝，翻炒一会儿。
7 再放入切好的菠菜。
8 快速炒匀，至食材断生。
9 加入少许盐、鸡粉，用大火翻炒至入味。
10 关火后盛出炒好的食材，放入盘中即成。

# 糖醋菠菜

烹饪：2分钟　难易度：★☆☆

## 原 料

菠菜280克，姜丝25克，干辣椒10克，花椒粒少许

## 调 料

白糖2克，白醋10毫升，盐2克，食用油适量

## 做 法

1 洗好的菠菜切去根部，切成长段。
2 锅中注入适量清水，大火烧开。
3 倒入菠菜段，汆煮至断生。
4 将菠菜段捞出，沥干水分，待用。
5 将菠菜段装入盘中，铺上姜丝、干辣椒丝。
6 锅中注入适量清水，加入盐、白糖、白醋，拌匀成糖醋汁。
7 将调好的糖醋汁浇在菠菜上。
8 另起锅注入适量食用油，倒入花椒粒，爆香。
9 炸好后将花椒粒捞出。
10 将热油浇在菠菜上即可。

**烹饪妙招**

菠菜在汆水时可以加点食用油，色泽会更好看。

# 肉酱菠菜

烹饪：5分钟 难易度：★★☆

## 原料

菠菜300克，里脊肉200克，洋葱末、蒜末、葱末各少许

## 调料

盐、味精、白糖、甜面酱、蚝油、料酒各适量

## 做法

1 菠菜两端修齐整。
2 里脊肉切碎，剁成肉末。
3 锅中加适量清水烧开，加油、盐拌匀。
4 放入菠菜，焯水约1分钟。
5 将焯煮好的菠菜捞出装盘。
6 用油起锅，放入蒜末、葱末、洋葱末炒香。
7 倒入肉末，加料酒炒约1分钟至熟。
8 加甜面酱、蚝油炒匀。
9 加盐、味精、白糖，拌炒至入味。
10 将肉末盛在菠菜上即可。

烹饪妙招

烹调时先将菠菜用开水烫一下，可除去80%的草酸。

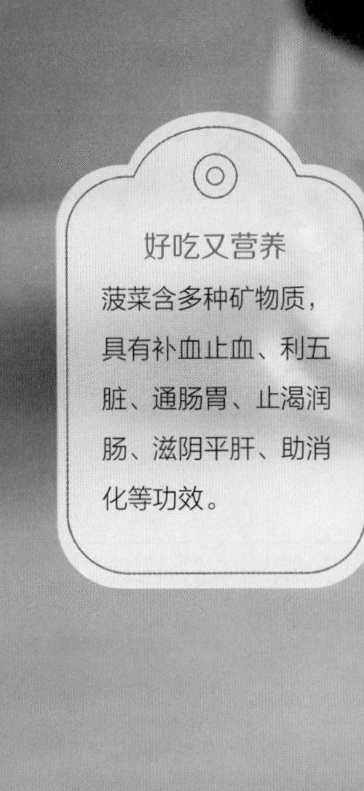
好吃又营养
菠菜含多种矿物质，具有补血止血、利五脏、通肠胃、止渴润肠、滋阴平肝、助消化等功效。

# 多宝菠菜

烹饪：25分钟 难易度：★★☆

### 原料

菠菜250克，火腿、土豆各50克，松仁、花生米、白芝麻、清汤各适量

### 调料

盐3克，白糖2克，鸡粉2克，水淀粉、食用油各适量

### 做法

1 菠菜洗净，去除根部，切成段。
2 土豆去皮洗净切成丁。
3 火腿切成小丁。
4 锅中注食用油烧热，放入松仁、花生米炸香。
5 将炸好的食材捞出，沥油。
6 锅内加水烧开，将菠菜略烫，冲凉后装盘。
7 锅内注食用油烧热，放入土豆丁略炒，倒入清汤。
8 放入松仁、花生米、火腿丁，烧开。
9 加入盐、白糖、鸡粉，用水淀粉勾芡。
10 将烧好的汤汁浇在菠菜上，撒上白芝麻即可。

**烹饪妙招**

切菠菜可以采用推切法。

### 烹饪妙招

菠菜味道鲜嫩，富含维生素、叶绿素、微量元素、纤维素和丰富的水分。炒菠菜时要旺火快炒，可以有效避免营养素的流失。

# 金银蛋浸菠菜

烹饪：15分钟　难易度：★☆☆

## 原料

菠菜300克，松花蛋、咸鸭蛋各1个，蒜瓣适量

## 调料

盐2克，高汤、花椒油、食用油各适量

## 做法

1 菠菜切除根部，冲洗干净。
2 锅中注水烧开，放入菠菜段焯熟。
3 捞出，沥干水分，备用。
4 松花蛋、咸鸭蛋去壳切丁。
5 蒜瓣切小块。
6 炒锅注食用油烧热，放入蒜块炒香。
7 放入菠菜、盐略炒，盛盘。
8 炒锅注食用油烧熟，下入蒜块煸至上色，再放入松花蛋丁、咸鸭蛋丁略炒。
9 加高汤烧开，淋上花椒油。
10 浇在菠菜段上即可。

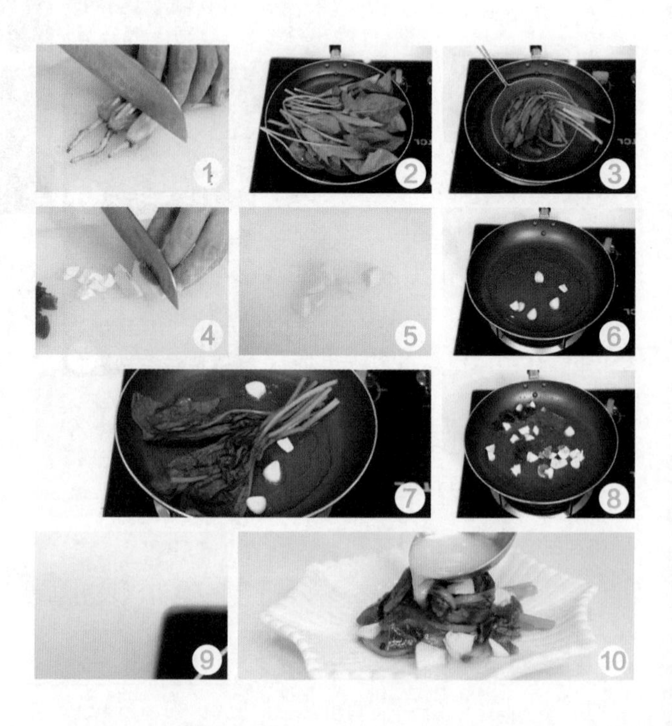

**烹饪妙招**

卷心菜用手撕成小片，口感会比用刀切更好。

# 糖醋卷心菜

烹饪：15分钟　难易度：★★☆

**原 料**

卷心菜250克，花椒、姜、干红辣椒各适量

**调 料**

白糖3克，盐2克，鸡粉2克，醋、酱油、食用油各适量

**做 法**

1 将卷心菜洗净，撕成小片。
2 锅中注水烧开，放入卷心菜片略烫，捞出沥干。
3 姜、干红辣椒切丝。
4 炒锅注食用油烧热，下入花椒炸香。
5 加姜丝、干红辣椒丝炒香。
6 加入白糖、盐。
7 加入醋、酱油。
8 炒匀，调成糖醋汁。
9 把糖醋汁浇入卷心菜片上。
10 撒入鸡粉，拌匀即可。

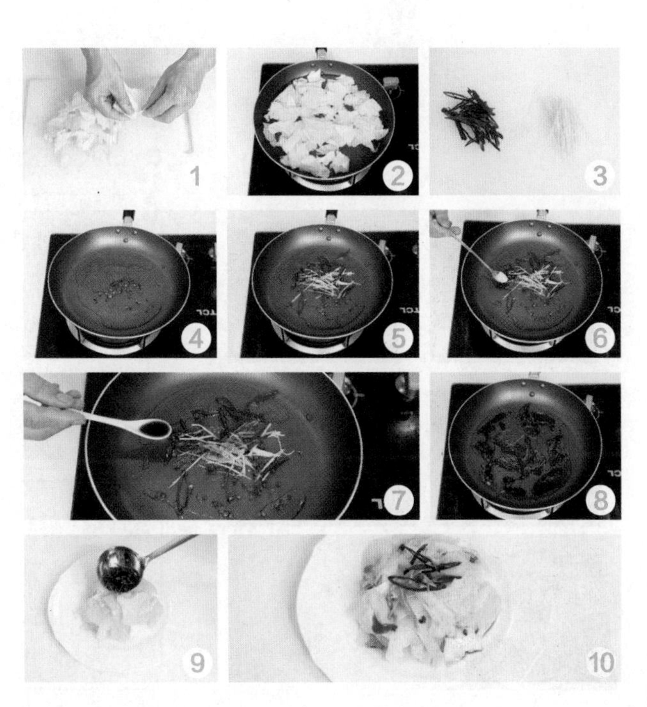

# 爽口小炒

烹饪：15分钟　难易度：★★☆

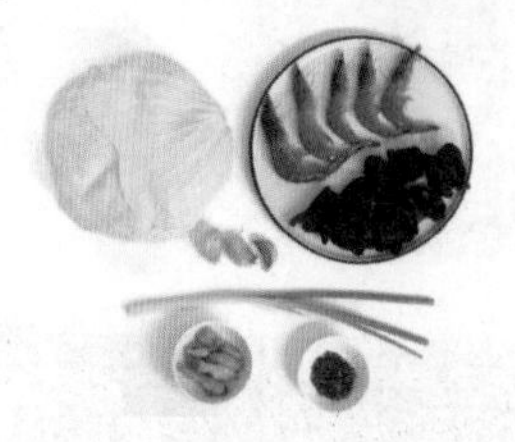

## 原 料

卷心菜500克，虾仁、水发木耳各50克，泡椒、蒜、葱、花椒各适量

## 调 料

盐3克，鸡粉1克，酱油3毫升，食用油适量

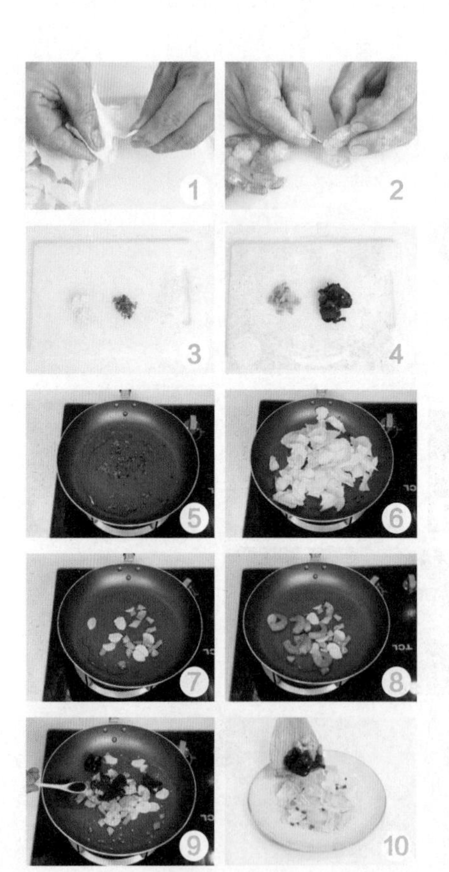

## 做 法

1 将卷心菜洗净，撕成小片。
2 虾仁洗净，去虾线。
3 葱切葱花，蒜切片。
4 泡椒、水发木耳切片。
5 炒锅注食用油烧热，下入葱花、花椒炒香。
6 放入卷心菜片炒至断生，加盐调味，盛出。
7 炒锅注食用油烧热，下入蒜片、泡椒略炒。
8 放虾仁炒熟。
9 加入木耳片稍炒，加盐、酱油、鸡粉炒匀。
10 出锅，倒在卷心菜片上即可。

**烹饪妙招**

食用卷心菜前最好先切开，置于清水中浸泡1~2个小时，再洗净，以去除残附的农药。

**烹饪妙招**

花椒粉炒香时应使用慢火，否则很容易炒煳，加入五丝后，再改为用大火爆炒。

# 香脆五丝

烹饪：15分钟　难易度：★☆☆

**原 料**

卷心菜200克，冬笋肉、鲜香菇各25克，红甜椒、青甜椒各1个

**调 料**

盐2克，鸡粉1克，花椒粉、芝麻油各适量

**做 法**

1 卷心菜洗净，切细丝。
2 鲜香菇洗净，捞出沥干，切细丝。
3 冬笋肉洗净，切细丝。
4 青甜椒洗净，切细丝。
5 红甜椒洗净，切细丝。
6 锅中加水烧开，将各种丝焯至断生。
7 捞出，沥干水分。
8 炒锅烧热，下入花椒粉，炒香。
9 放入五丝，炒匀。
10 撒盐、鸡粉快炒至熟，装盘后淋入芝麻油，拌匀即可。

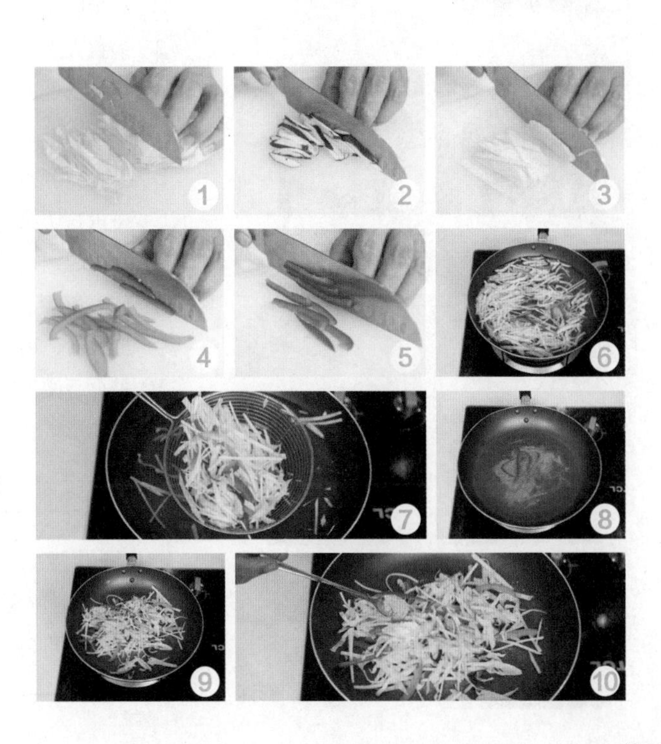

# 金丝韭菜

烹饪：3分钟　难易度：★☆☆

## 原料

韭菜段130克，鸡蛋1个

## 调料

盐、鸡粉各1克，水淀粉5毫升，食用油适量

## 做法

1 将洗好的韭菜切成段。
2 鸡蛋中加入水淀粉，搅匀成蛋液。
3 锅置火上，倒入蛋液。
4 用晃锅的方式将蛋液摊均匀，用中小火煎约90秒成蛋皮。
5 关火后取出蛋皮，放在砧板上卷成卷。
6 将蛋卷切丝，待用。
7 用油起锅，倒入洗净的韭菜段，翻炒数下。
8 放入蛋丝，翻炒均匀。
9 加入盐、鸡粉，炒匀。
10 关火后盛出炒好的金丝韭菜，装盘即可。

**烹饪妙招**

晃锅的时候尽量不要离火太近，以免将蛋皮煎焦。

# 炒合菜

烹饪：20分钟　难易度：★★★

## 原 料

嫩韭菜、鸡蛋、猪肉各100克，绿豆芽、菠菜、木耳、粉丝各75克

## 调 料

盐2克，醋、花椒水、食用油各适量

## 做 法

1 木耳加冷水泡发，捞出，撕成片。
2 粉丝加冷水浸泡30分钟，捞出沥干，切段。
3 嫩韭菜、菠菜择洗净，切成小段。
4 绿豆芽洗净掐去两头；猪肉洗净切丝。
5 鸡蛋打入碗内，加盐搅匀。
6 锅中注食用油烧热，倒入鸡蛋液炒熟，盛出。
7 炒锅注食用油烧热，下猪肉丝炒散。
8 放入绿豆芽、粉丝、木耳片翻炒。
9 加入菠菜段、韭菜段、盐、醋、花椒水，翻炒至断生。
10 加入炒好的鸡蛋，炒匀即成。

**烹饪妙招**

韭菜中含有丰富的维生素B，加热过久会破坏营养成分，故不应长时间加热后食用。

烹饪妙招

牛肉丝切得细一点，这样更易熟透、入味。

# 韭菜黄豆炒牛肉

烹饪：2分钟　难易度：★☆☆

## 原料

韭菜150克，水发黄豆100克，牛肉300克，干辣椒少许

## 调料

盐3克，鸡粉2克，水淀粉4毫升，料酒8毫升，生抽5毫升，食用油适量

## 做法

1 锅中注水烧开，倒入黄豆，略煮一会儿，至其断生。
2 捞出黄豆沥干水分，待用。
3 韭菜切成均匀的段。
4 牛肉切片，再切成丝。
5 将牛肉装入盘中，放入盐、水淀粉、料酒，搅匀，腌渍10分钟至其入味，备用。
6 热锅注油，倒入牛肉丝、干辣椒，翻炒至变色。
7 淋入少许料酒，放入黄豆、韭菜。
8 加入少许盐、鸡粉，淋入老抽、生抽。
9 快速翻炒均匀，至食材入味。
10 关火后将炒好的菜肴盛入盘中即可。

烹饪妙招

韭菜花炒的时间不宜太长，以免影响口感。

# 韭菜花炒虾仁

烹饪：2分钟　难易度：★☆☆

## 原 料

虾仁85克，韭菜花110克，彩椒10克，葱段、姜片各少许

## 调 料

盐、鸡粉各2克，白糖少许，料酒4毫升，水淀粉、食用油各适量

## 做 法

1 韭菜花切长段，彩椒切粗丝。
2 洗净的虾仁由背部切开，挑去虾线，装入碗中。
3 碗中加少许盐、料酒、水淀粉，拌匀，腌渍约10分钟。
4 用油起锅，倒入腌渍好的虾仁，炒匀。
5 撒上姜片、葱段，炒出香味。
6 淋入适量料酒，炒匀，至虾身呈亮红色。
7 倒入彩椒丝，炒匀，至其变软，放入切好的韭菜花。
8 大火快炒至断生，转小火，加入少许盐、鸡粉。
9 撒上适量白糖，用水淀粉勾芡。
10 关火后盛出炒好的菜肴，装入盘中即可。

# 茼蒿炒豆腐

烹饪：3分钟 难易度：★★☆

**原料** 鸡蛋2个，豆腐200克，茼蒿100克，蒜末少许

**调料** 盐3克，水淀粉9毫升，生抽10毫升，食用油适量

### 做法

1. 鸡蛋打入碗中，加盐、水淀粉调匀。
2. 锅中注水，加盐、豆腐，煮至沸后捞出。
3. 蛋液炒熟盛出。茼蒿段炒至熟软。
4. 放豆腐、鸡蛋，加生抽、盐、清水炒匀。
5. 淋入水淀粉，快速炒匀，盛出装盘即可。

**烹饪妙招**

炒豆腐的时候要小心，易碎。

# 茼蒿炒豆干

烹饪：1分30秒 难易度：★★☆

**原料** 茼蒿200克，豆干180克，彩椒50克，蒜末少许

**调料** 盐2克，料酒8毫升，水淀粉5毫升，生抽、食用油各适量

### 做法

1. 豆干、彩椒切成条，茼蒿切成段。
2. 豆干入锅滑油片刻，捞出，沥干油待用。
3. 锅底留油，放入彩椒、茼蒿段翻炒。
4. 放入豆干，加盐、生抽，淋料酒，炒匀。
5. 淋入水淀粉翻炒均匀，盛出装盘即可。

**烹饪妙招**

宜大火快炒，否则影响口感。

烹饪妙招

洗净的木耳用米汤浸泡后再烹制，口感更爽滑。

# 茼蒿黑木耳炒肉

烹饪：2分钟　难易度：★★☆

## 原 料

茼蒿100克，瘦肉90克，彩椒50克，水发木耳45克，姜片、蒜末、葱段各少许

## 调 料

盐3克，鸡粉2克，料酒4毫升，生抽5毫升，水淀粉、食用油各适量

## 做 法

1 木耳切成小块，彩椒切粗丝，茼蒿切成段，瘦肉切片。
2 肉片装入碗中，加盐、鸡粉、水淀粉拌匀，注入适量油，腌渍10分钟至食材入味。
3 锅中注水烧开，加盐，倒入木耳搅拌匀，略煮一会儿。
4 倒入彩椒搅拌匀，煮半分钟至断生后捞出，沥干待用。
5 放入姜片、蒜末、葱段爆香。
6 倒入肉片炒至肉变色，淋料酒，炒匀提味。
7 倒入茼蒿翻炒几下，注入适量清水，快速炒至熟软。
8 放入彩椒、木耳翻炒匀。
9 加盐、鸡粉、生抽炒匀调味。
10 倒入水淀粉炒匀，至食材熟透后，盛出装入盘中即成。

好吃又营养

核桃仁含蛋白质、纤维素、胡萝卜素及多种营养物质，有预防动脉硬化、降低胆固醇含量的功效。

# 西芹炒核桃仁

烹饪：2分30秒　难易度：★☆☆

## 原料

西芹100克，猪瘦肉140克，核桃仁30克，枸杞、姜片、葱段各少许

## 调料

盐4克，鸡粉2克，水淀粉3毫升，料酒8毫升，食用油适量

## 做法

1 洗净的西芹切成段，洗好的猪瘦肉切成丁。

2 将肉丁装入碗中，加入少许盐、鸡粉，搅拌匀。

3 倒入适量水淀粉，搅拌匀，倒入食用油，腌渍10分钟。

4 锅中注入适量清水烧开，加入少许食用油、盐。

5 倒入西芹，搅散，煮1分钟后捞出，沥干水分，待用。

6 热锅注油，烧热，放入核桃仁，改小火，核桃仁炸出香味后捞出。

7 锅底留油，倒入肉丁炒至变色，淋入料酒，炒出香味。

8 放入姜片、葱段，翻炒匀，倒入西芹，炒匀。

9 加入适量盐、鸡粉，倒入洗净的枸杞，炒匀调味。

10 关火后盛出装盘，撒上核桃仁即可。

**烹饪妙招**

炸核桃仁时要注意时间和火候，至其变色便可捞出。

# 杏仁西芹炒虾仁

烹饪：2分钟　难易度：★★☆

## 原料

杏仁50克，西芹300克，虾仁90克，葱段10克，姜末3克

## 调料

盐3克，鸡粉2克，料酒3毫升，水淀粉4毫升，食用油10毫升

## 做法

1 将洗净的西芹对半切开，再切段。
2 把虾仁装碗中，加入适量料酒、盐，淋少许水淀粉，拌匀，腌渍约10分钟，至其入味。
3 锅中注水烧开，倒入洗净的杏仁，焯煮约1分30秒，去除苦味，捞出，沥干水分，待用。
4 沸水锅加入食用油、盐，倒入西芹段，焯煮约1分钟至食材断生后捞出，沥干水分，待用。
5 用油起锅，倒入备好的葱段、姜末，爆香。
6 放入虾仁，炒匀炒香，淋入少许料酒。
7 翻炒一会儿，至虾身弯曲，放入西芹段。
8 翻炒匀，倒入杏仁炒香，加入少许盐、鸡粉。
9 炒匀调味，最后用水淀粉勾芡，至食材入味。
10 关火后盛出炒好的菜肴，装在盘中即成。

**烹饪妙招**

杏仁味道偏苦，焯煮时间可长一些，这样味道更好。

**烹饪妙招**

给墨鱼打花刀时最好深浅一致，口感会更好。

# 墨鱼炒西芹

烹饪：2分钟　难易度：★★☆

## 原料

墨鱼300克，西芹150克，红椒60克，姜末少许

## 调料

盐2克，鸡粉2克，白胡椒粉、芝麻油、食用油各适量

## 做法

1 择洗好的西芹切斜块，洗净的红椒切斜块。
2 墨鱼打上花刀，切成小块。
3 锅中注入适量清水，大火烧开，倒入西芹、红椒，搅匀，淋入食用油，搅拌匀。
4 将食材捞出沥干，待用。
5 再注水烧开，倒入墨鱼，汆煮至起花，将墨鱼花捞出，沥干水分，待用。
6 热锅注油烧热，倒入姜末、墨鱼，炒匀。
7 倒入食材，快速翻炒片刻。
8 加入盐、鸡粉、白胡椒粉，翻炒调味。
9 淋入芝麻油，翻炒至熟。
10 关火，将炒好的菜盛出装入盘中即可。

# 西芹百合炒白果

烹饪：2分钟　难易度：★☆☆

**原料** 西芹150克，鲜百合100克，白果100克，彩椒10克

**调料** 鸡粉2克，盐2克，水淀粉3毫升，食用油适量

### 做法

1 彩椒切成大块，西芹切成小块。
2 锅中注水，大火烧开，倒白果、彩椒、西芹、百合，略煮，将食材捞出，沥干。
3 热锅注油，倒入食材，加盐、鸡粉翻炒。
4 淋入水淀粉翻炒，盛出，装入盘中即可。

**烹饪妙招**
食材焯过水，不宜炒太久。

# 西芹炒排骨

烹饪：40分钟　难易度：★★☆

**原料** 排骨块200克，西芹100克，姜片、葱段各少许，花椒10克，八角10克

**调料** 盐、鸡粉、胡椒粉各2克，生抽、料酒、水淀粉各5毫升，食用油适量

### 做法

1 沸水锅中倒入排骨，放八角、花椒，撒盐，煮开后转小火煮半小时后捞出沥干。
2 葱段、姜片爆香，倒入排骨、西芹拌匀。
3 加生抽、料酒、水、盐、鸡粉、胡椒粉。
4 淋水淀粉勾芡，拌匀入味，装盘即可。

**烹饪妙招**
排骨加料酒可去除腥味。

**烹饪妙招**

可用高汤做汤汁，这样可以不放鸡粉。

# 蒸香菇西蓝花

烹饪：13分钟　难易度：★☆☆

**原 料**

香菇100克，西蓝花100克

**调 料**

盐2克，鸡粉2克，蚝油5克，水淀粉10毫升，食用油适量

**做 法**

1. 香菇用十字花刀切块。
2. 取盘子，将洗净的西蓝花沿圈摆盘。
3. 将切好的香菇摆在西蓝花中间。
4. 备好已注水烧开的电蒸锅，放入食材。
5. 加盖，蒸8分钟至熟。
6. 揭盖，取出蒸好的西蓝花和香菇，待用。
7. 锅中注入少许清水烧开，加入盐、鸡粉。
8. 放入蚝油，搅拌均匀。
9. 用水淀粉勾芡，搅拌均匀成汤汁。
10. 将汤汁浇在西蓝花和香菇上即可。

# 什锦西蓝花

烹饪：5分钟 难易度：★☆☆

## 原料

西蓝花200克，香菇50克，马蹄90克，去皮胡萝卜50克

## 调料

盐3克，白砂糖3克，水淀粉3毫升，芝麻油适量

## 做法

1 洗净的西蓝花去根部，切成小朵状。
2 洗净的胡萝卜修齐，切成丁。
3 洗净的马蹄切成小块。
4 洗净的香菇去蒂，切成丁。
5 热锅注水煮沸，加入盐、食用油、西蓝花。
6 将西蓝花焯煮至断生后，捞出摆盘待用。
7 锅中放入香菇、胡萝卜、马蹄，焯水，将食材焯煮2分钟至断生后，捞出待用。
8 热锅注油，放入香菇、胡萝卜、马蹄翻炒。
9 注入适量清水，放入盐、白砂糖炒匀后，用水淀粉勾芡。
10 最后再滴入少量芝麻油，将烹制好的食材摆放在盛有西蓝花的盘中即可。

**烹饪妙招**

西蓝花用淡盐水浸泡，能更好地去除残留的农药。

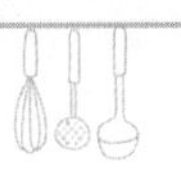

烹饪妙招

西蓝花在焯水时加少许油，能使它更青脆。

# 西蓝花炒牛肉

烹饪：1分30秒 难易度：★☆☆

## 原 料

西蓝花300克，牛肉200克，彩椒40克，姜片、蒜末、葱段各少许

## 调 料

盐4克，鸡粉4克，生抽10毫升，蚝油10克，水淀粉9克、料酒10毫升，食粉、食用油各适量

## 做 法

1 洗净的西蓝花、彩椒切成小块，牛肉洗净切片。

2 取一碗，放入牛肉片，加入生抽、盐、鸡粉、食粉、适量水淀粉，拌匀，腌渍10分钟。

3 锅中注清水烧开，加入盐、食用油、西蓝花，焯煮片刻，捞出，沥干水分，装入盘中。

4 用油起锅，倒入姜片、蒜末、葱段、彩椒，翻炒均匀。

5 放入牛肉片炒匀。

6 加入料酒，炒匀提鲜。

7 加入适量生抽、蚝油，炒匀。

8 加入盐、鸡粉、水淀粉、油。

9 翻炒约2分钟至熟。

10 盛出菜肴，装盘即可。

# 酱香菜花豆角

烹饪：5分钟　难易度：★☆☆

**原料** 菜花270克，豆角380克，熟五花肉200克，洋葱100克，青彩椒50克，红彩椒60克，豆瓣酱40克，姜片少许

**调料** 盐、鸡粉各1克，水淀粉5毫升，食用油适量

**做法**

1. 菜花、豆角分别汆煮至断生，捞出沥干。
2. 炒五花肉，放姜片略炒，放豆瓣酱炒匀。
3. 倒入菜花和豆角，加入盐、鸡粉，翻炒。
4. 倒入青红彩椒和洋葱，翻炒约2分钟至熟软，用水淀粉勾芡，翻炒至收汁即可。

**烹饪妙招**

豆瓣酱有咸味，可不放盐。

# 菜花炒肉

烹饪：5分钟　难易度：★☆☆

**原料** 菜花210克，五花肉200克，朝天椒30克，葱段、姜片、蒜末各少许

**调料** 料酒5毫升，老抽2毫升，五香粉2克，水淀粉5毫升，盐、鸡粉、食用油各适量

**做法**

1. 油起锅，倒入菜花炒至断生，盛出待用。
2. 五花肉片炒转色，倒入朝天椒、葱段、姜片、蒜末，加料酒、老抽、五香粉炒匀。
3. 倒菜花翻炒，加水，放入盐、鸡粉炒匀。
4. 淋上水淀粉，翻炒勾芡即可。

**烹饪妙招**

五花肉煎出油后再倒菜花。

# 西红柿炒鸡蛋

烹饪：4分钟 难易度：★☆☆

**原 料** 西红柿130克，鸡蛋1个，小葱20克，大蒜10克

**调 料** 食用油适量，盐3克

### 做 法

1 大蒜切片，小葱切末，西红柿切滚刀块。
2 鸡蛋打入碗内，打散。
3 热锅注油烧热，倒入鸡蛋液，炒熟盛出。
4 锅底留油，倒入蒜片爆香，倒入西红柿块，炒出汁，倒入鸡蛋块，炒匀。
5 加盐，翻炒入味，撒上葱花即可。

**烹饪妙招**
打散的鸡蛋加少量清水不易粘锅。

# 西红柿煎土豆

烹饪：4分钟 难易度：★☆☆

**原 料** 去皮土豆250克，西红柿200克

**调 料** 罗勒叶2片，椰子油5毫升，盐2克，白胡椒粉3克

### 做 法

1 热锅注椰子油烧热，铺上土豆片，加1克盐、一半罗勒叶，将土豆片煎至焦黄。
2 热锅，注入剩下的椰子油，铺放上西红柿片，煎至表面变深，加盐、罗勒叶煎熟。
3 西红柿片盛盘，沿盘子边缘交错摆放土豆片和西红柿片，撒上白胡椒粉即可。

**烹饪妙招**
土豆切好放入清水中可防氧化。

# 清炒土豆丝

烹饪：2分钟　难易度：★☆☆

原 料 土豆200克，青椒丝、红椒丝各少许

调 料 盐2克，味精1克，蚝油、水淀粉、食用油各适量

做 法

1 土豆切细丝，加少许清水浸泡片刻。
2 锅注油烧热，倒入青椒丝、红椒丝爆炒。
3 土豆丝炒至熟透，加入盐、蚝油、味精。
4 再加入少许水淀粉勾芡，再淋入少许熟油，拌炒均匀，盛入盘中即可。

烹饪妙招
土豆切开后可泡在醋水中。

# 酸辣土豆丝

烹饪：3分钟　难易度：★☆☆

原 料 土豆200克，辣椒、葱各少许

调 料 盐3克，白糖、鸡粉、白醋、芝麻油、食用油各适量

做 法

1 热锅注油，倒入土豆丝、葱白翻炒片刻。
2 加入适量盐、白糖、鸡粉调味，炒约1分钟后，倒入适量白醋拌炒匀。
3 倒入辣椒丝、葱叶拌炒匀，淋入少许芝麻油，出锅装盘即成。

烹饪妙招
土豆用水泡过，口感会更爽脆。

烹饪妙招

倒入排骨后不停翻炒以免煳锅，且时间不宜过久。

# 土豆烧排骨

烹饪：13分钟　难易度：★★☆

## 原料

土豆200克，排骨500克，青椒、红椒各20克，姜片、蒜末、葱白、葱花各少许

## 调料

盐4克，鸡粉2克，生粉2克，料酒5毫升，味精2克，生抽3毫升，老抽3毫升，水淀粉10毫升，食用油适量

## 做法

1 去皮洗净的土豆切成块。
2 红椒、青椒分别去籽切片。
3 排骨斩成块，装碗，加少许盐、料酒，再依次加味精、生抽拌匀，加生粉拌匀。
4 热锅注油烧至五成热，倒入土豆，炸至熟后捞出备用。
5 倒入排骨，炸至转色捞出。
6 锅底留油，加姜片、蒜末、葱白爆香，倒入排骨炒匀。
7 淋入料酒，加少许生抽炒香；加约300毫升清水，加盐、味精、鸡粉。
8 倒入土豆、豆瓣酱、老抽炒匀后，改用小火焖10分钟。
9 揭盖，倒入青椒、红椒，加水淀粉炒匀勾芡。
10 翻炒匀至收汁入味即可。

# 肉酱焖土豆

烹饪：7分钟　难易度：★☆☆

## 原料

小土豆300克，五花肉100克，姜末、蒜末、葱花各少许

## 调料

豆瓣酱15克，盐、鸡粉各2克，料酒5毫升，老抽、水淀粉、食用油各适量

## 做法

1 洗净的五花肉切成片，剁成肉末，备用。
2 用油起锅，倒入姜末、蒜末，大火爆香。
3 放入肉末，快速翻炒至转色。
4 淋入少许老抽，炒匀上色。
5 倒入少许料酒，炒匀；放入豆瓣酱，翻炒匀。
6 倒入已去皮的小土豆，翻炒匀。
7 注入适量清水，加入盐、鸡粉，拌匀至入味。
8 盖上盖，用小火焖煮约5分钟至食材熟透。
9 取下锅盖，用大火快速翻炒至汤汁收浓，倒入少许水淀粉勾芡。
10 撒上葱花后，将土豆盛出，装在盘中即成。

**烹饪妙招**

小土豆沸水煮三成熟后冷水浸泡片刻，去皮就容易了。

# 浇汁山药盒



烹饪：17分钟 难易度：★☆☆

## 原 料

芦笋160克，山药120克，肉末70克，葱花、姜末、蒜末各少许，高汤250毫升

## 调 料

盐、鸡粉各3克，生粉、水淀粉、食用油各适量

## 做 法

1 将山药切成片，洗净的芦笋切除根部，备用。
2 把肉末装入碗中，加鸡粉、盐，淋入水淀粉，撒上葱花、姜末、蒜末搅拌匀，制成肉馅。
3 锅中注水烧开，加盐、鸡粉，淋入食用油。
4 倒入芦笋拌匀，煮约1分钟至断生，捞出沥干。
5 取一个山药片，滚上适量生粉，放入少许肉馅，再盖上一片山药，叠放整齐，捏紧。
6 依此做完余下的山药片，制成山药盒生坯。
7 蒸锅置火上烧开，放入山药盒生坯，用中火蒸约15分钟，至食材熟透，取出山药盒，待用。
8 注入高汤，加入盐、鸡粉、水淀粉调成味汁。
9 取一个盘子，放入芦笋，再放入山药盒，摆好。
10 盛出锅中的味汁，浇在山药上即成。

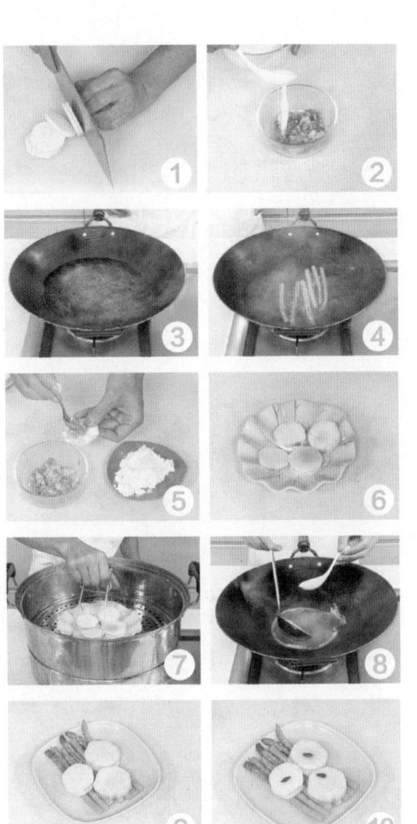


**烹饪妙招**

盛入的肉馅不宜太多，以免将生坯蒸散了。

# 西红柿炒山药

烹饪：4分钟　难易度：★☆☆

## 原料

去皮山药200克，西红柿150克，大葱10克，大蒜5克，葱段5克

## 调料

盐、白糖各2克，鸡粉3克，水淀粉适量

## 做法

1 洗净的山药切成块状。
2 洗好的西红柿切成小瓣。
3 处理好的大蒜切片。
4 洗净的大葱切段。
5 锅中注清水烧开，加入盐、食用油，倒入山药，焯煮片刻至断生。
6 关火，将焯煮好的山药捞出，装盘备用。
7 用油起锅，倒入大蒜、大葱、西红柿、山药，炒匀。
8 加入盐、白糖、鸡粉，炒匀。
9 倒入水淀粉，炒匀。
10 加入葱段，翻炒约2分钟至熟，将焯好的菜肴盛出，装入盘中即可。

**烹饪妙招**

切好的山药要放入水中浸泡，否则容易氧化变黑。

烹饪妙招

要先将咸鸭蛋黄泥炒出香味，再加入山药条。注意翻炒要快，否则不能挂匀蛋黄泥。

# 蛋黄焗山药

烹饪：25分钟　难易度：★★★

## 原料

山药300克，鲜鸭蛋黄碎50克，鸡蛋1个，葱少许

## 调料

盐4克，淀粉、食用油各适量

## 做法

1 将山药去皮、洗净、切长条。
2 山药条放入沸水锅中焯烫，捞出，过凉沥干。
3 咸鸭蛋黄碎剁细，用刀压成泥。
4 香葱切末。
5 碗内打入鸡蛋，加入淀粉，顺时针调匀。
6 放入山药条挂糊。
7 炒锅注油烧至五成热，放入山药条炸至金黄色，捞出。
8 锅内留油少许，下入咸鸭蛋黄泥炒至起沫。
9 放入山药条略炒。
10 撒入盐、香葱末炒匀即可。

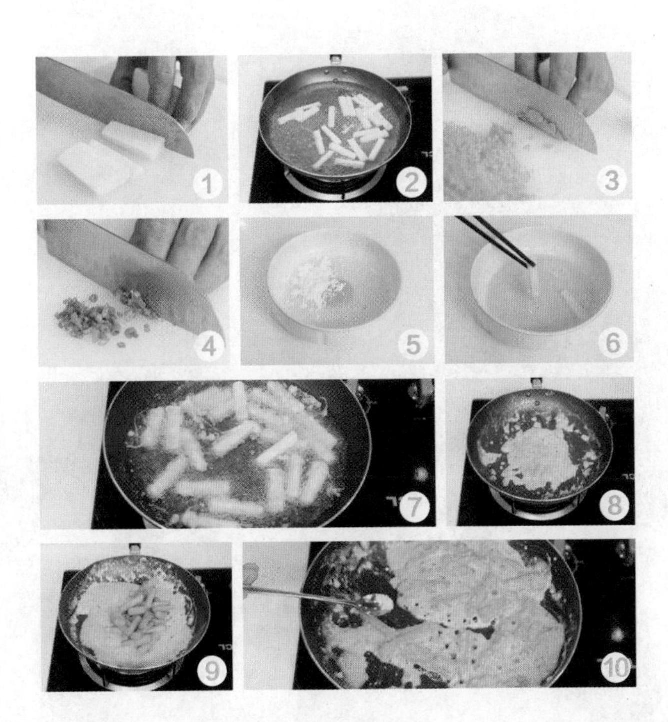

好吃又营养

茄子中含有丰富的蛋白质、维生素、脂肪、碳水化合物，而且还含有钙、磷、铁等微量元素。

# 金沙茄条

烹饪：25分钟　难易度：★★★

## 原料

茄子300克，熟咸鸭蛋黄碎50克

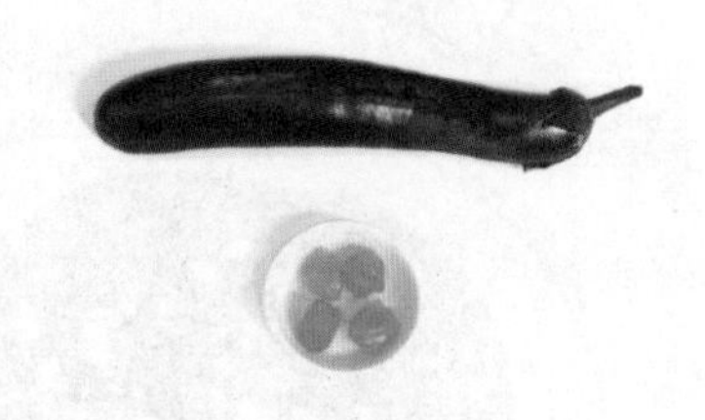

## 调料

盐4克，干淀粉、食用油各适量

## 做法

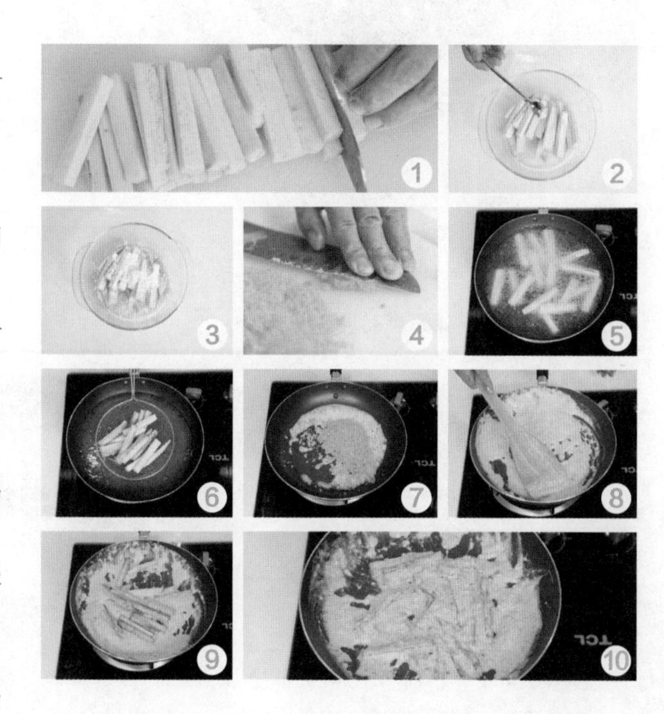

1 将茄子洗净，去皮，切条。
2 加盐腌渍15分钟。
3 茄子条上撒干淀粉，拌匀。
4 熟咸鸭蛋黄碎剁细，再拍成泥。
5 炒锅注入食用油烧热，放入茄子条。
6 慢火炸至色泽淡黄、微脆，捞出沥油。
7 锅中留油烧热，放入熟咸鸭蛋黄碎泥翻炒。
8 将熟咸鸭蛋黄碎泥炒香，呈汁状。
9 倒入茄子条。
10 炒匀，使熟咸鸭蛋黄碎泥均匀地裹在茄子条上，出锅装盘即可。

**烹饪妙招**

茄子过油时，油温要高一点，才不会在茄子里含油。

# 酱扒茄子

烹饪：3分钟　难易度：★☆☆

原料 茄子250克，干黄酱50克，姜末、葱花、蒜末各少许

调料 生抽5毫升，鸡粉2克，白糖3克，食用油适量

做法

1 茄子切灯笼花刀；干黄酱倒入清水搅拌。
2 热锅注油烧热，茄子炸至微黄后捞出。
3 锅底留油，倒姜末、蒜末、干黄酱，注入清水翻炒，倒入茄子、白糖、生抽炒匀。
4 盖盖焖2分钟，加鸡粉、葱花、蒜末即可。

烹饪妙招

花刀要打均匀，以免受热不匀。

# 清炒地三鲜

烹饪：3分钟　难易度：★★☆

原料 土豆100克，茄子100克，青椒15克，姜片、蒜末、葱白各少许

调料 盐3克，味精3克，白糖3克，蚝油、豆瓣酱、水淀粉各适量

做法

1 土豆块炸2分钟；茄子丁炸1分钟捞出。
2 姜片、蒜末、葱白爆香，倒入土豆块。
3 加少许清水、盐、味精、白糖、蚝油、豆瓣酱，炒匀，中火煮片刻，倒入茄子。
4 加入青椒，加水淀粉勾芡，炒匀即可。

烹饪妙招

土豆去皮后需浸泡以免发黑。

**烹饪妙招**

茄子要尽量切得大小一致，使菜肴色香味俱全。

# 鱼香茄子

烹饪：4分钟　难易度：★☆☆

**原料**

茄子150克，肉末30克，姜片、葱白、蒜末、红椒末、葱花各少许

**调料**

豆瓣酱10克，盐、白糖各3克，味精、鸡粉各2克，陈醋、生抽、料酒、水淀粉、芝麻油、食用油各适量

**做法**

1. 去皮洗净的茄子切成小块，浸入清水中。
2. 热锅注油烧至五成热，倒入茄子，炸约1分钟至软。
3. 茄子捞出沥干，装碗待用。
4. 锅底留油，倒入姜片、葱白、蒜末、红椒末，大火爆香。
5. 放入肉末，翻炒至转色。
6. 下豆瓣酱，淋入料酒炒匀。
7. 注水，淋入少许陈醋、生抽。
8. 加白糖、味精、盐、鸡粉调味。
9. 倒入茄子，中火炒约1分钟至入味，大火收干汁，倒入水淀粉，快速炒匀勾芡汁。
10. 淋入芝麻油提香，出锅盛入烧热的煲仔中，撒上葱花即成。

# 蒸茄拌肉酱

烹饪：20分钟　难易度：★★☆

## 原料

茄子300克，猪瘦肉100克，黄豆酱75克，葱、姜、蒜各适量

## 调料

鸡粉2克，料酒4毫升，食用油适量

## 做法

1 茄子洗净，去皮。
2 将茄子切成4条。
3 茄子入笼中蒸熟，然后取出茄子。
4 猪瘦肉切末。
5 葱切葱花，姜切末，蒜切末。
6 炒锅注入食用油烧热，下入姜末、蒜末爆香。
7 加猪瘦肉末炒散。
8 放入黄豆酱、葱花、料酒，炒出香味。
9 加入清水、鸡粉，炒成肉酱。
10 将炒好的肉酱放在茄子上，食时拌匀即可。

**烹饪妙招**

黄豆酱也可以用甜面酱或豆瓣辣酱代替。

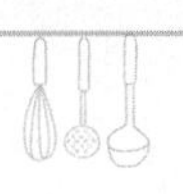

烹饪妙招

炒胡萝卜时可多放点油，小火慢煎，直至变软。

# 油焗胡萝卜

烹饪：15分钟　难易度：★☆☆

## 原料

胡萝卜350克，豆瓣酱适量

## 调料

食用油适量

## 做法

1 胡萝卜用削皮刀去皮。
2 取适量部分，洗净。
3 剖开，切斜片。
4 豆瓣酱加水调匀。
5 炒锅注食用油烧热。
6 放入胡萝卜片。
7 煸炒至胡萝卜片水分散失至变软。
8 将调好的豆瓣酱倒入锅中。
9 拌匀，翻炒至食材熟透。
10 待收汁后，关火盛出，摆盘即可。

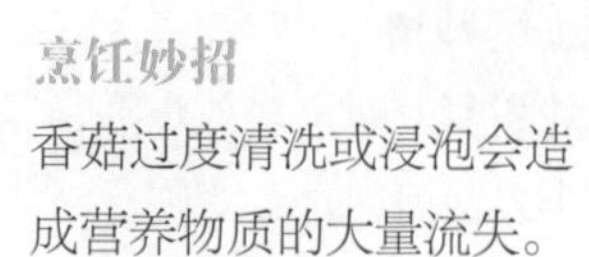

**烹饪妙招**

香菇过度清洗或浸泡会造成营养物质的大量流失。

# 芙蓉三丝

烹饪：25分钟　难易度：★★★

**原 料**

胡萝卜、香菇、冬笋各100克，鸡蛋清、牛奶各适量

**调 料**

盐2克，水淀粉、芝麻油、食用油各适量

**做 法**

1 胡萝卜洗净，去皮，切丝。
2 香菇泡发，去蒂，切丝。
3 冬笋切丝。
4 胡萝卜丝、香菇丝、冬笋丝分别在沸水中焯熟，盛入盘中。
5 鸡蛋清放碗内，搅打成蛋泡糊。
6 炒锅注食用油烧至五成热，下入蛋泡糊，温油中滑成蛋芙蓉。
7 取出蛋芙蓉沥油，将三丝摆好盘，将蛋芙蓉放在三丝中间。
8 锅内加入适量水、牛奶烧开，加盐稍煮。
9 用水淀粉勾芡，淋芝麻油。
10 浇在三丝上即成。

# 胡萝卜鸡肉茄丁

烹饪：12分钟　难易度：★☆☆

**原料** 去皮茄子100克，鸡胸肉200克，去皮胡萝卜95克，蒜片、葱段各少许

**调料** 盐2克，白糖2克，胡椒粉3克，蚝油5克，生抽、水淀粉各5毫升，料酒10毫升，食用油适量

**做法**

1 鸡肉丁加盐、料酒、水淀粉、油腌渍。
2 鸡肉丁倒入油锅翻炒2分钟，盛出待用。
3 起锅注油，炒匀胡萝卜丁，放葱段、蒜片、茄子丁炒至微熟，加料酒、盐搅匀。
4 加鸡肉丁、蚝油、胡椒粉、生抽、白糖。

**烹饪妙招**
可用厨房纸吸走多余的油分。

# 胡萝卜炖羊排

烹饪：50分钟　难易度：★★★

**原料** 羊排段300克，胡萝卜160克，豆瓣酱25克，姜片、葱段、蒜片、香菜碎各少许，桂皮、八角各适量

**调料** 盐3克，鸡粉少许，料酒6毫升，食用油适量

**做法**

1 羊排段下热水锅，汆去血水，捞出沥干。
2 油锅爆香八角、桂皮，放姜片、葱段、蒜片、豆瓣酱、羊排炒匀，淋入料酒。
3 炖煮35分钟后倒入胡萝卜块，加盐续煮。
4 加鸡粉、胡椒粉搅匀后，撒上香菜即可。

**烹饪妙招**
汆水时可淋入适量料酒。

好吃又营养

百合具有养心安神、润肺止咳的功效，对病后虚弱的人非常有益，还具有良好的营养滋补之功。

# 百合炒芦笋

烹饪：2分钟　难易度：★☆☆

## 原料

芦笋200克，鲜百合100克，鲜白果25克，辣椒、蒜各适量

## 调料

盐2克，胡椒粉1克，食用油适量

## 做法

1 将鲜百合掰成瓣，洗净。
2 芦笋洗净，切段。
3 下入开水锅内焯一下，捞出控水。
4 辣椒洗净切片。
5 蒜去皮、切末。
6 炒锅注食用油烧热，下入蒜末爆香。
7 放入辣椒片、鲜百合瓣，煸炒。
8 加入芦笋段、鲜白果略炒。
9 撒入盐。
10 撒入胡椒粉，炒匀即可。

**烹饪妙招**

百合洗净后，可放入沸水中浸泡一下，以去除苦涩味。

# 杂烩鲜百合

烹饪：25分钟　难易度：★★★

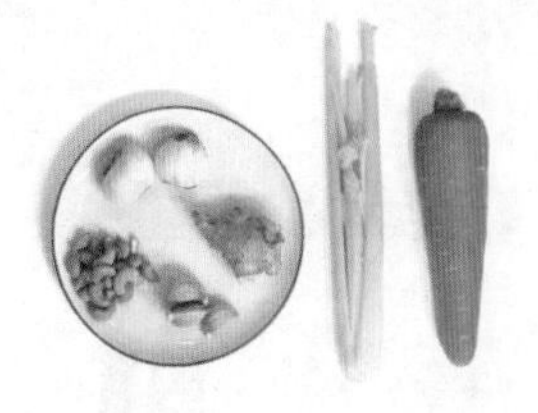

## 原 料

鲜百合150克，西芹100克，腰果50克，胡萝卜1根，姜、蒜各适量

## 调 料

盐2克，水淀粉、食用油各适量

## 做 法

1 鲜百合掰成瓣，洗净。
2 蒜洗净、切末，姜切丝。
3 西芹择洗净，胡萝卜洗净，均切菱形片。
4 锅中注水，加食用油、盐，烧沸。
5 放入鲜百合瓣、西芹片、胡萝卜片略烫，捞出沥干。
6 炒锅注食用油烧热，下入腰果炸至色泽金黄，捞出沥油。
7 炒锅留油烧热，下蒜末、姜丝爆香。
8 放入焯好的百合瓣、西芹片、胡萝卜片翻炒片刻。
9 加盐，用水淀粉勾芡。
10 放入腰果，翻炒均匀即可。

**烹饪妙招**

食材焯水时间不要过长，以免影响口感。

# 珊瑚藕片

烹饪：15分钟　难易度：★★☆

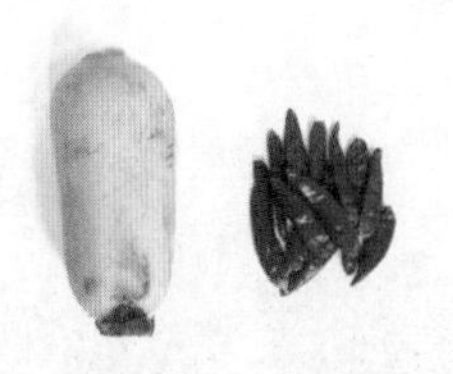

## 原 料

藕350克，干红辣椒适量

## 调 料

白糖2克，米醋2毫升，食用油适量

## 做 法

1 藕洗净，去皮，切成薄片。
2 锅中注水烧开，放入藕片焯烫去生。
3 用滤网捞出藕片。
4 将藕片过凉水，沥干水分。
5 藕片加白糖、米醋拌匀。
6 干红辣椒切丝。
7 炒锅注入食用油烧热，下入干红辣椒丝炸香成辣油。
8 莲藕装盘。
9 取几根干红辣椒丝，放在藕片上。
10 将辣油浇入藕片，拌匀即成。

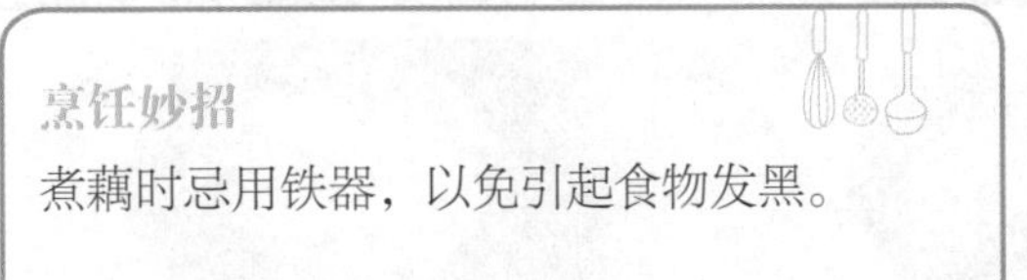

**烹饪妙招**

煮藕时忌用铁器，以免引起食物发黑。

**烹饪妙招**

将西红柿的底部插一个叉子，放在火上烤10秒钟左右，外皮就会开裂。待冷却几秒钟后，可以撕去完整的外皮。

# 西红柿糖藕

烹饪：10分钟　难易度：★☆☆

## 原料

西红柿1个，莲藕1节

## 调料

糖3克

## 做法

1 西红柿洗净，在顶部划十字。
2 放入开水锅中汆烫。
3 取出西红柿，去皮。
4 将去皮的西红柿切成片。
5 莲藕洗净去皮。
6 去皮的莲藕切成片。
7 将莲藕片放入开水中煮熟。
8 捞出沥干。
9 将西红柿放入盘中，再加上莲藕片。
10 均匀撒上白糖即可。

烹饪妙招

焯煮莲藕可放少许白醋，以免莲藕氧化变黑。

# 芦笋炒莲藕

烹饪：1分30秒　难易度：★☆☆

## 原料

芦笋100克，莲藕160克，胡萝卜45克，蒜末、葱段各少许

## 调料

盐3克，鸡粉2克，水淀粉3毫升，食用油适量

## 做法

1 洗净的芦笋去皮切成段。
2 洗好去皮的莲藕切成丁；胡萝卜去皮，切成丁。
3 锅中注入适量清水烧开，加少许盐，放入藕丁。
4 再放入胡萝卜，搅匀，煮1分钟，至其八成熟。
5 把焯过水的藕丁和胡萝卜丁捞出，待用。
6 用油起锅，放入蒜末、葱段，爆香。
7 放入芦笋，倒入焯好的藕丁和胡萝卜丁，翻炒均匀。
8 加入适量盐、鸡粉，炒匀调味。
9 倒入适量水淀粉。
10 将锅中材料快速拌炒均匀即可。

烹饪妙招

枸杞子应提前洗净泡开，烹制本菜时，一定要加入料酒，以此去除腥味、增添鲜味。

# 莲藕烧肉片

烹饪：30分钟　难易度：★★☆

## 原料

藕250克，猪肉200克，枸杞子50克，蒜片、姜各适量

## 调料

盐、鸡粉、料酒、淀粉、酱油、食用油各适量

## 做法

1 猪肉洗净，切片。
2 猪肉加淀粉、酱油腌制。
3 藕洗净，去皮，切片。
4 姜、蒜洗净，分别切片。
5 炒锅注食用油烧至五成熟，下入蒜片、姜片爆锅。
6 加入猪肉片，小火煸炒至收缩。
7 放入藕片以及少许清水。
8 加入盐、少许鸡粉。
9 加入料酒、酱油。
10 加入枸杞子，微火炖烧至汤汁浓稠，出锅即成。

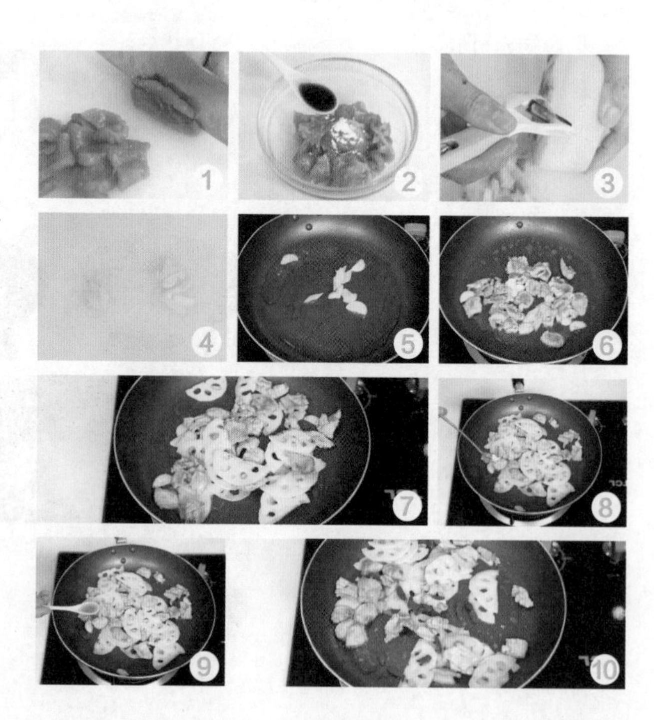

# 虎皮青椒

烹饪：2分30秒 难易度：★★☆

**原 料** 青椒150克，蒜末、豆豉各少许

**调 料** 盐3克，味精2克，鸡粉少许，蚝油6克，陈醋15毫升，水淀粉、食用油各适量

**做 法**

1 热锅注油烧五成热，放入青椒搅拌匀，转小火炸约1分钟，至其呈虎皮状后捞出。
2 注水，加蚝油、盐、味精、鸡粉、陈醋。
3 中火略煮至沸腾，倒水淀粉翻炒勾芡。
4 倒入青椒，翻炒匀，焖煮至其入味，关火后盛出焖煮好的食材，装入盘中即成。

**烹饪妙招**
青椒不耐高温，油温不宜太高。

# 青椒海带丝

烹饪：4分钟 难易度：★☆☆

**原 料** 海带丝200克，青椒50克，大蒜8克

**调 料** 盐2克，芝麻油3毫升

**做 法**

1 海带丝切段；青椒去籽，斜刀切成丝。
2 处理好的大蒜压扁，切成蒜末。
3 锅中注水烧开，倒入海带丝搅拌，倒入青椒丝煮至断生，将食材捞出，沥干待用。
4 备碗，倒入汆煮好的食材，加入蒜末、盐、芝麻油，搅拌匀，倒入盘中即可。

**烹饪妙招**
喜欢口感清爽者可加入醋调味。

# 青椒酱炒杏鲍菇

烹饪：4分钟　难易度：★☆☆

## 原料

杏鲍菇300克，青椒30克，干辣椒10克，蒜末、葱段各少许，豆瓣酱适量

## 调料

盐、鸡粉各1克，水淀粉5毫升，食用油适量

## 做法

1 洗净的青椒切成块。

2 洗好的杏鲍菇切菱形片。

3 沸水锅中倒入切好的杏鲍菇，焯煮一会儿至断生，捞出，装盘待用。

4 另起锅注油，倒入蒜末、干辣椒，爆香。

5 倒入豆瓣酱，炒香。

6 倒入焯好的杏鲍菇，炒匀。

7 放入切好的青椒，炒约2分钟至熟透。

8 注入少许清水，加入盐、鸡粉，炒匀。

9 用水淀粉勾芡，炒至收汁，倒入葱段，翻炒均匀。

10 关火后盛出菜肴，装盘即可。

**烹饪妙招**

焯好的杏鲍菇可放入凉水中冷却，增强其口感的爽脆。

烹饪妙招

在肉馅中加胡椒粉，可使煎出的菜肴味道更香。

# 青椒酿肉

**原 料**

猪肉300克，马蹄肉150克，青椒300克，姜末、葱末各少许，蛋清适量

**调 料**

盐、鸡粉各2克，生粉3克，芝麻油2毫升，食用油适量

**做 法**

1 洗好的青椒切段，对半切开；洗净的猪肉剁成碎末。
2 洗好的马蹄肉拍碎，剁成末，备用。
3 把肉末倒入碗中，加入马蹄末、葱末、姜末，拌匀。
4 加入盐、鸡粉、生粉、芝麻油，倒入蛋清，拌匀。
5 将肉馅打至起浆，备用。
6 在青椒抹上少许生粉，逐一放入适量肉馅，待用。
7 用油起锅，将肉馅朝下，放入酿好的青椒。
8 用小火煎出焦香味，再煎约3分钟至肉馅呈焦黄色。
9 翻面，煎至食材熟透。
10 关火后盛出煎好的菜肴，装入盘中即可。

好吃又营养

青椒含有膳食纤维、维生素A、辣椒素等营养成分，具有增进食欲、促进消化、增强免疫力等功效。

# 椒拌虾皮

烹饪：25分钟　难易度：★★☆

## 原 料

青尖椒、红尖椒各100克，虾皮50克，大葱、香菜各适量

## 调 料

芝麻油、酱油、白醋、食用油各适量

## 做 法

1 将青尖椒洗净，切小丁。
2 红尖椒洗净，切小丁。
3 大葱洗净，切丁。
4 香菜洗净，切末。
5 虾皮洗去盐分及杂质。
6 炒锅注食用油烧至五成热。
7 将虾皮放入油锅中，待虾皮炸脆捞出。
8 把青尖椒丁、红尖椒丁、香菜末放入盆中。
9 把虾皮、大葱丁放入盆中。
10 加香菜末、芝麻油、酱油、白醋，拌匀即可。

**烹饪妙招**

炸尖椒时应先用慢火，再用急火，使之外酥里嫩。

# 洋葱炒豆角

烹饪：1分30秒　难易度：★☆☆

原料 洋葱80克，豆角150克，红椒15克，姜片、蒜末各少许

调料 盐5克，鸡粉2克，料酒5毫升，水淀粉3毫升，食用油适量

做法

1 洋葱切细丝，豆角切3厘米的段，备用。
2 热水加油、盐，放豆角稍煮后捞出晾凉。
3 用油起锅，倒入姜片、蒜末爆香，放入洋葱、豆角翻炒，淋入料酒提鲜，炒香。
4 加盐、鸡粉、水淀粉，翻炒均匀即可。

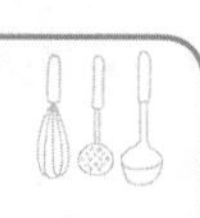

烹饪妙招
洋葱不宜炒得过老。

# 玉米洋葱煎蛋烧

烹饪：3分钟　难易度：★★☆

原料 玉米粒120克，洋葱末35克，鸡蛋3个，青豆55克，红椒圈、香菜碎各少许

调料 盐少许，食用油适量

做法

1 大碗打入鸡蛋搅散，倒入焯煮过的青豆、玉米粒，加洋葱末、盐搅拌，制成蛋液。
2 用油起锅，倒入蛋液，摊开铺匀，煎成饼型，放入红椒圈，转小火，煎出香味。
3 翻炒蛋饼，中火煎至两面熟透盛出装盘。
4 分成小块，摆好造型，撒上香菜碎即可。

烹饪妙招
倒蛋液时油温高一些更易成形。

烹饪妙招

洋葱和鸡蛋都是易熟食物，宜大火快速翻炒。

# 洋葱炒鸡蛋

烹饪：3分钟　难易度：★★☆

## 原料

鸡蛋2个，洋葱150克，葱花适量

## 调料

盐、鸡粉各1克，食用油适量

## 做法

1 洗好的洋葱切成丝，备用。
2 鸡蛋打入碗中，搅散。
3 锅中注入适量食用油烧热，倒入蛋液，炒至熟。
4 盛出炒好的鸡蛋，待用。
5 另起锅，注油烧热。
6 放入洋葱，翻炒至软。
7 倒入炒好的鸡蛋，翻炒匀。
8 加入盐、鸡粉，炒匀调味。
9 倒入葱花，翻炒均匀。
10 关火后盛出炒好的菜肴，装入盘中即可。

# 洋葱炒牛肉

烹饪：2分钟　难易度：★☆☆

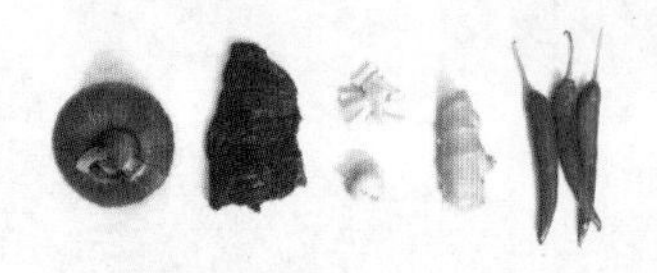

## 原料

牛肉300克，洋葱100克，红椒片15克，姜片、蒜末、葱白各少许

## 调料

盐3克，味精、鸡粉各1克，生抽、白糖、蚝油、食粉、水淀粉、辣椒酱、食用油各少许

## 做法

1 将去皮洗净的洋葱切成片。
2 洗净的牛肉切片，装入碗中
3 加少许食粉、生抽、盐、味精，用筷子拌匀。
4 再加入水淀粉、食用油，腌渍10分钟至入味。
5 锅中注水烧开，倒入牛肉汆至断生，捞出备用。
6 锅中注油，烧至五成热，倒入牛肉，用锅铲搅散，滑油约1分钟至熟，捞出备用。
7 锅留底油，倒入姜片、蒜末、葱白爆香。
8 倒入洋葱、红椒片炒约半分钟。
9 倒入牛肉，加入盐、味精、鸡粉、白糖、蚝油，拌炒匀，使牛肉入味。
10 加入辣椒酱炒匀，再用少许水淀粉勾芡，待收汁后，盛出装盘中即可。

**烹饪妙招**

切牛肉若顺着纹路切，炒出来的牛肉很难嚼烂。

**烹饪妙招**

食用竹笋前要先焯水，以将其所含的草酸去除。

# 香菇豌豆炒笋丁

烹饪：2分钟　难易度：★☆☆

## 原料

水发香菇65克，竹笋85克，胡萝卜70克，彩椒15克，豌豆50克

## 调料

盐2克，鸡粉2克，料酒、食用油各适量

## 做法

1 将洗净的竹笋切片，再切成条，改切成丁。
2 洗好去皮的胡萝卜切成片，再切成条，改切成丁。
3 洗净的彩椒切成小块。
4 洗好的香菇切成小块。
5 锅中注水烧开，放入切好的竹笋，加入料酒，煮1分钟。
6 放入香菇、豌豆、胡萝卜，拌匀，煮1分钟。
7 加入少许食用油，拌匀，放入彩椒，拌匀。
8 捞出焯煮好的食材，沥干水分，待用。
9 用油起锅，倒入焯过水的食材，炒匀。
10 加入适量盐、鸡粉，炒匀调味，关火后盛出即可。

# 鱼香笋丝

烹饪：2分钟　难易度：★☆☆

**原 料** 竹笋200克，红椒5克，蒜苗20克，红椒末、葱花、姜末、蒜末各少许，豆瓣酱10克

**调 料** 盐2克，鸡粉2克，白糖3克，陈醋4毫升，水淀粉4毫升，食用油适量

**做 法**

1. 竹笋切条；蒜苗切段；红椒去籽，切条。
2. 锅中注水烧开，倒入笋条，焯煮好捞出。
3. 热锅爆香蒜末、葱花、姜末、红椒末，加豆瓣酱、红椒、笋条翻炒，撒上蒜苗。
4. 加盐、白糖、鸡粉、陈醋、水淀粉翻炒。

**烹饪妙招**
竹笋需切细条，否则不易入味。

# 油辣冬笋尖

烹饪：2分钟　难易度：★★☆

**原 料** 冬笋200克，青椒25克，红椒10克

**调 料** 盐2克，鸡粉2克，辣椒油6毫升，花椒油5毫升，食用油适量

**做 法**

1. 冬笋切滚刀块；青椒、红椒去籽切小块。
2. 锅中注水烧开，加盐、鸡粉、食用油，倒入冬笋块，煮约1分钟后捞出备用。
3. 用油起锅，倒入冬笋块翻炒匀，加入适量辣椒油、花椒油、盐、鸡粉，炒匀调味。
4. 加青椒、红椒、水淀粉翻炒至入味即可。

**烹饪妙招**
冬笋焯水时间不可太长。

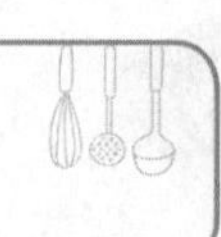

# 凉拌莴笋

烹饪：3分钟　难易度：★☆☆

**原 料** 莴笋100克，胡萝卜90克，黄豆芽90克，蒜末少许

**调 料** 盐3克，鸡粉少许，生抽4毫升，陈醋7毫升，芝麻油、食用油各适量

**做 法**

1 胡萝卜切成细丝；莴笋切成丝。
2 锅中注水烧开，加盐、油，倒胡萝卜丝、莴笋丝，再放黄豆芽略煮，熟透后捞出。
3 将焯煮好的食材装入碗中，撒上蒜末。
4 加盐、鸡粉、生抽、陈醋、芝麻油搅拌。

**烹饪妙招**
黄豆芽脆嫩，焯煮不宜过久。

# 清炒莴笋丝

时间：2分钟　难易度：★☆☆

**原 料** 莴笋100克，姜丝、蒜末、胡萝卜丝、葱段各少许

**调 料** 食用油30毫升，盐3克，白糖3克，味精、水淀粉各少许

**做 法**

1 油锅中倒入蒜末、胡萝卜丝、姜丝爆香。
2 再倒入莴笋拌炒，翻炒1分钟至熟，加入盐、味精、白糖调味。
3 加水淀粉勾芡，淋入熟油，撒葱段炒匀。
4 将炒熟的莴笋丝盛入盘内，盛好盘即可。

**烹饪妙招**
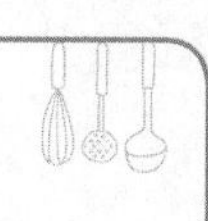
炒莴笋少放点盐口感会更好。

# 莴笋炒回锅肉

时间：2分钟　难易度：★★☆

## 原料

莴笋180克，红椒10克，五花肉160克，姜片、蒜片、葱段各少许

## 调料

白糖2克，鸡粉2克，料酒8毫升，豆瓣酱10克，食用油适量

## 做法

1 锅中注入适量清水烧热，放入洗净的五花肉。
2 盖上盖，烧开后用中火煮约20分钟。
3 揭开锅盖，捞出五花肉，放凉后切成薄片，待用。
4 洗好去皮的莴笋切薄片，洗净的红椒切成块。
5 用油起锅，倒入五花肉，炒匀。
6 倒入姜片、蒜片、葱段，爆香。
7 放入豆瓣酱，快速翻炒均匀，淋入少许料酒，炒匀。
8 倒入红椒、莴笋片，翻炒均匀，至食材熟软。
9 加入少许白糖、鸡粉，炒匀调味。
10 关火后盛出炒好的菜肴，装入盘中即可。

**烹饪妙招**

莴笋最好切得薄厚一致，以使其受热均匀。

# 黄瓜拌海蜇

烹饪：3分30秒 难易度：★☆☆

## 原料

水发海蜇90克，黄瓜100克，彩椒50克

## 调料

白糖4克，盐少许，陈醋6毫升，芝麻油2毫升，食用油适量

## 做法

1 洗好的彩椒切条。
2 洗净的黄瓜切片，改切成条。
3 洗好的海蜇切条，备用。
4 锅中注入适量清水烧开，放入切好的海蜇，煮2分钟至其断生。
5 放入彩椒，略煮片刻。
6 将海蜇和彩椒捞出，沥干水分，待用。
7 把黄瓜倒入碗中，放入焯过水的海蜇和彩椒。
8 放入蒜末、葱花。
9 加入适量陈醋、盐、白糖、芝麻油，拌匀。
10 将拌好的食材盛出，装入盘中即可。

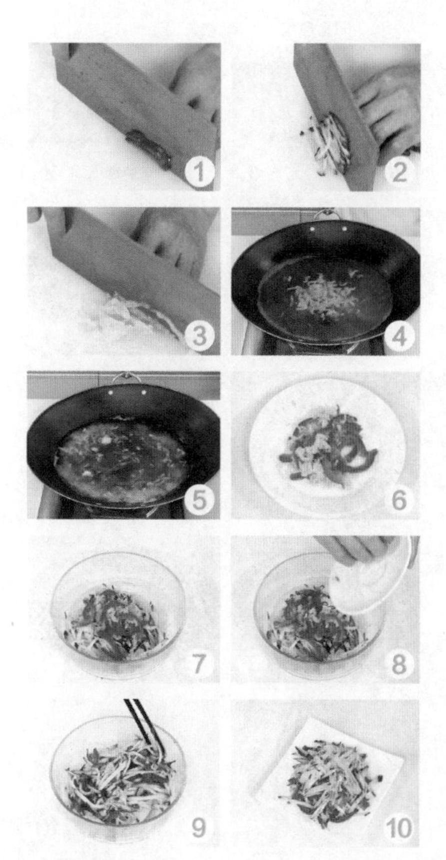

**烹饪妙招**

海蜇本身带有咸味，调味时可以少放些盐。

# 黑木耳腐竹拌黄瓜

烹饪：2分30秒　难易度：★☆☆

### 原料

水发黑木耳40克，水发腐竹80克，黄瓜100克，彩椒50克，蒜末少许

### 调料

盐3克，鸡粉少许，生抽4毫升，陈醋4毫升，芝麻油2毫升，食用油适量

### 做法

1 将泡发好的腐竹切成段。
2 洗好的彩椒切成小块，洗净的黄瓜切成片。
3 洗好的木耳切成小块，备用。
4 锅中注入适量清水烧开，放入适量盐，倒入少许食用油。
5 放入木耳，搅匀，煮至沸。
6 加入腐竹，搅拌匀，煮至沸，再煮1分钟。
7 倒入彩椒、黄瓜，拌匀，略煮片刻。
8 捞出焯煮好的食材，沥干水分，装入碗中，放入蒜末。
9 加入适量盐、鸡粉，淋入生抽、陈醋、芝麻油，用筷子拌匀至入味。
10 将拌好的食材取出，装入盘中即可。

**烹饪妙招**

黄瓜的焯水时间不宜太久，否则会失去其脆嫩的口感。

烹饪妙招

猪瘦肉片上浆可使口感更爽滑，上浆时注意先裹淀粉、盐，再裹蛋清。

# 玉兰黄瓜熘肉片

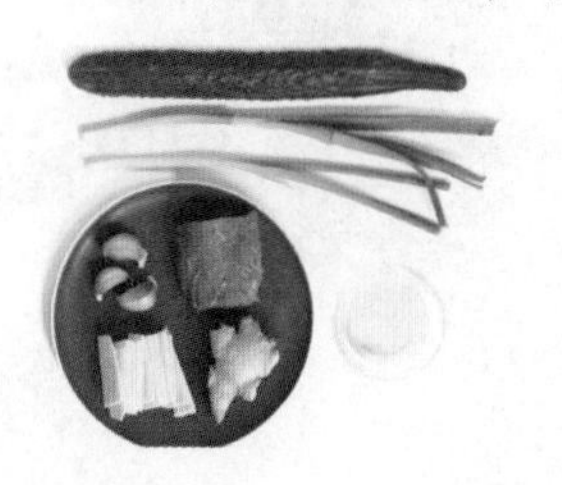

烹饪：20分钟　难易度：★★☆

## 原 料

黄瓜300克，瘦猪肉100克，玉兰片50克，鸡蛋清、葱、青蒜、姜各适量

## 调 料

盐2克，淀粉5克，料酒5毫升，高汤、食用油各适量

## 做 法

1 将猪瘦肉切成薄片。
2 黄瓜去蒂，洗净，切成片。
3 玉兰片切成薄片。
4 锅中放入开水，放入玉兰片烫一下，捞出沥干。
5 葱切丝，青蒜切段，姜切末。
6 猪瘦肉片加淀粉、盐、鸡蛋清浆好。
7 锅中注食用油烧热，下入猪瘦肉片滑熟，捞出。
8 炒锅注食用油，烧至五成熟，加入猪瘦肉片、玉兰片、黄瓜片翻炒。
9 加入葱丝、青蒜段、姜末、盐、料酒、淀粉。
10 添入高汤，炒匀即可。

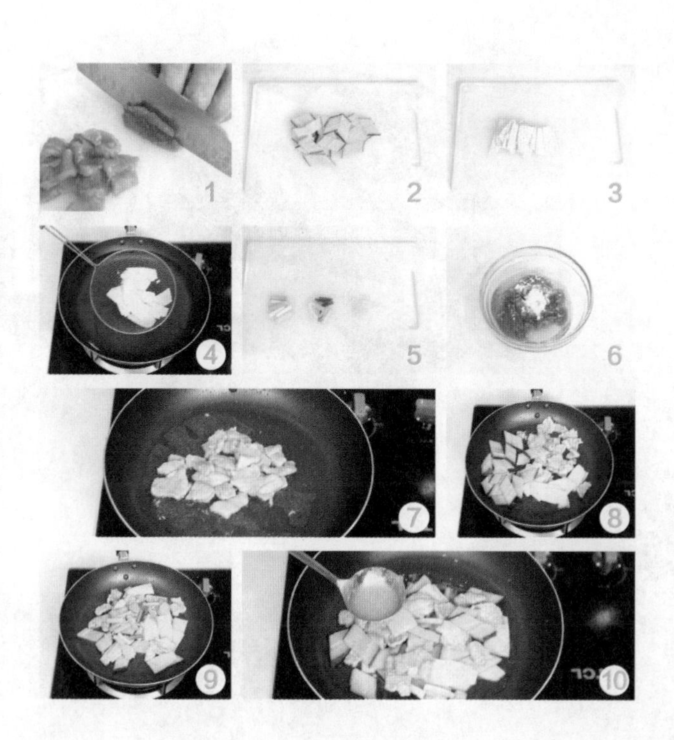

好吃又营养

丝瓜含维生素$B_1$、维生素C等成分，是不可多得的美容佳品，还可起到抗病毒、防癌抗癌的作用。

# 嫩烧丝瓜排

烹饪：15分钟　难易度：★☆☆

## 原料

丝瓜200克，葱适量

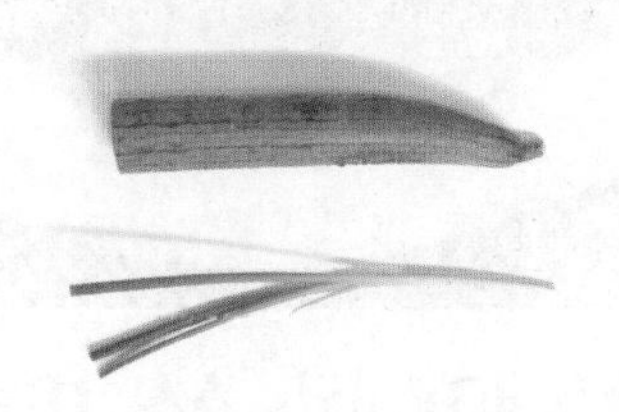

## 调料

盐2克，鸡粉、胡椒粉各1克，水淀粉、芝麻油、食用油各适量

## 做法

1 将丝瓜洗净，去皮，从中间剖开，去瓜瓤。
2 丝瓜切成条。
3 葱切段。
4 炒锅注食用油烧热，放入葱段爆香。
5 下丝瓜条翻炒。
6 撒入鸡粉调味。
7 撒入盐调味。
8 用水淀粉勾稀芡。
9 淋少许芝麻油略炒。
10 撒胡椒粉炒匀即成。

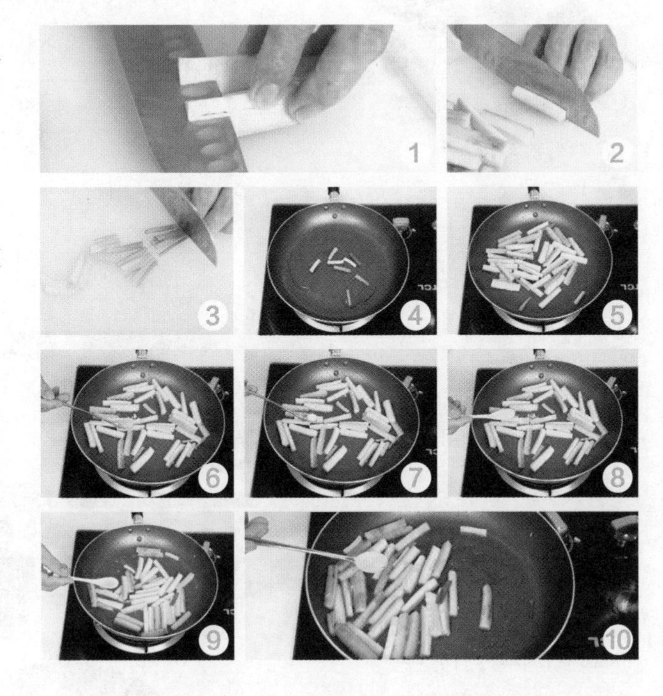

**烹饪妙招**

烹饪时应注意尽量保持清淡，油要少用，可勾稀芡，用味精或胡椒粉提味。

烹饪妙招

浸泡蛤蜊时可搅动数下，使其发晕，以便较快煮至开口。

# 蛤蜊炒丝瓜

烹饪：7分钟　难易度：★☆☆

## 原 料

蛤蜊200克，去皮丝瓜100克，红椒40克，葱段、蒜片各少许

## 调 料

盐1克，鸡粉2克，水淀粉5毫升，食用油适量

## 做 法

1 洗净去皮的丝瓜切小条。
2 洗净的红椒去籽，切丝，待用。
3 用油起锅，倒入蒜片，爆香。
4 倒入洗净的蛤蜊，翻炒数下。
5 注入少许清水至刚没过锅底，搅匀。
6 加盖，用大火煮约3分钟至蛤蜊开口。
7 揭盖，倒入丝瓜条，放入红椒丝，翻炒约1分钟。
8 倒入葱段，翻炒数下。
9 加入盐、鸡粉，炒匀。
10 加入水淀粉，炒约1分钟至收汁后装盘即可。

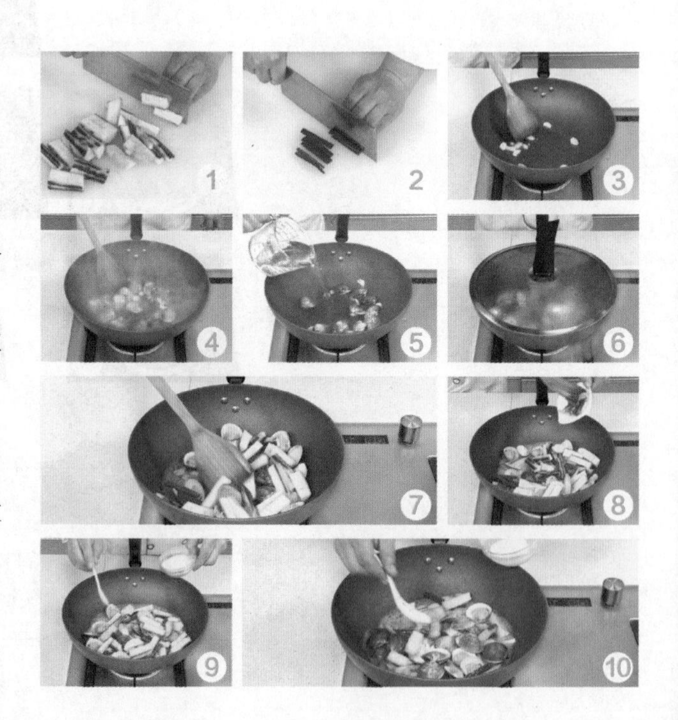

烹饪妙招

泡发好的干贝压碎再烹制更易熟，口感会更好。

# 干贝咸蛋黄蒸丝瓜

烹饪：22分钟　难易度：★★☆

## 原 料

丝瓜200克，水发干贝30克，蜜枣3克，咸蛋黄4个，葱花少许

## 调 料

生抽5毫升，水淀粉4毫升，芝麻油适量

## 做 法

1 洗净去皮的丝瓜切成段儿，用大号V型戳刀挖去瓜瓤。
2 备好的咸蛋黄对半切开，待用。
3 丝瓜段放入蒸盘，每块丝瓜段中放入一块咸蛋黄。
4 蒸锅注水烧开，放入蒸盘。
5 盖上锅盖，大火蒸20分钟至熟。
6 掀开锅盖，将菜肴取出。
7 热锅注水烧热，放入蜜枣、干贝。
8 淋入生抽、水淀粉，搅匀勾芡。
9 放入芝麻油，搅匀。
10 将调好的芡汁浇在丝瓜上，撒上葱花即可。

蔬菜类·苦瓜

# 甜椒拌苦瓜

烹饪：2分钟　难易度：★☆☆

## 原料

苦瓜150克，彩椒、蒜末各少许

## 调料

盐、白糖各2克，陈醋9毫升，食粉、芝麻油、食用油各适量

## 做法

1 将洗净的苦瓜切开，去瓤切段，改切成粗条。
2 洗好的彩椒切粗丝，备用。
3 锅中注入适量清水烧开，淋入少许食用油。
4 倒入彩椒丝，拌匀，煮至断生。
5 捞出材料，沥干水分，待用。
6 沸水锅中再倒入苦瓜条，撒少许食粉，拌匀。
7 煮约2分钟，至食材熟透后捞出，沥干水分，待用。
8 取一个大碗，放入焯熟的苦瓜条、彩椒丝。
9 撒上蒜末，加入少许盐、白糖，倒入适量陈醋、芝麻油，拌匀。
10 将拌好的菜肴装入盘中即成。

**烹饪妙招**

苦瓜焯好后可过一下凉开水，这样能减轻其苦味。

**烹饪妙招**

如想清热解毒的功效更明显，可不用盐腌渍苦瓜。

# 糖醋苦瓜

烹饪：4分钟　难易度：★☆☆

## 原料

苦瓜300克，红椒适量，姜片、葱段各少许

## 调料

盐3克，鸡粉2克，白糖10克，白醋10毫升，番茄酱10克，水淀粉少许，食用油适量

## 做法

1. 洗净的苦瓜切成条，洗净的红椒切成条，备用。
2. 切好的苦瓜装碗，加少许盐拌匀，腌渍5分钟至析出水分。
3. 锅中注入适量清水烧开，倒入苦瓜，拌匀，煮约1分钟至其七八成熟。
4. 把焯煮好的苦瓜捞出，沥干水分，装盘待用。
5. 用油起锅，加入白醋、白糖、番茄酱，炒匀。
6. 倒入葱段、姜片、切好的红椒，炒匀。
7. 倒入焯过水的苦瓜，炒匀。
8. 加入盐、鸡粉，炒至入味。
9. 用水淀粉勾芡。
10. 关火后盛出炒好的菜肴，装入盘中即可。

# 鱼香苦瓜丝

烹饪：20分钟　难易度：★★☆

## 原 料

苦瓜300克，干红辣椒25克，葱、姜、蒜各适量

## 调 料

豆瓣酱、盐、白糖、味精、酱油、醋、芝麻油、食用油各适量

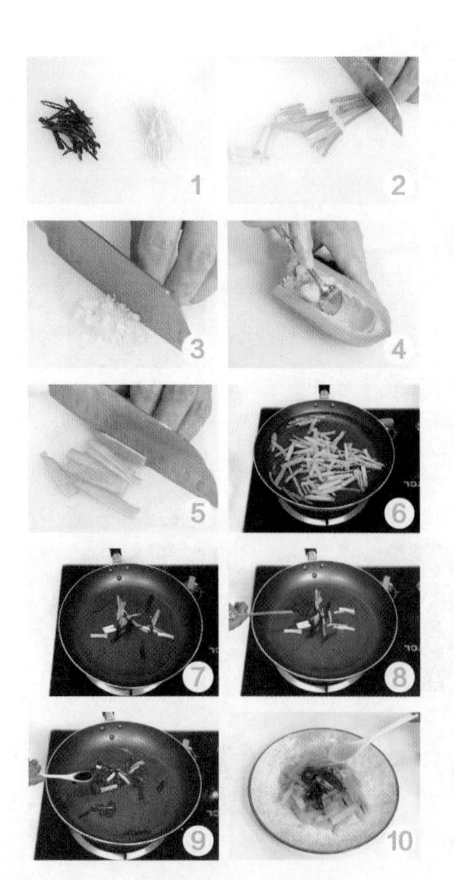

## 做 法

1 干红辣椒切成细丝，姜切丝。
2 葱切段。
3 蒜洗净，切成末。
4 苦瓜洗净，顺长切成两半，去瓜瓤。
5 苦瓜切丝。
6 锅中注水烧开，放入苦瓜丝焯烫，捞出，过凉沥干，摆好盘。
7 炒锅注食用油烧熟，炒香葱段、姜丝、干红辣椒丝。
8 下豆瓣酱炒出红油。
9 加入酱油、白糖、盐、醋、鸡粉、蒜末炒匀。
10 炒好的调料浇在苦瓜丝上，淋上芝麻油即成。

**烹饪妙招**

制作本菜时，调料的比例要掌握好。一般姜1、蒜2、豆瓣酱3、葱4、盐1、糖3、醋2、味精0.1为宜，这样才能调出正宗的鱼香味。

# 客家酿苦瓜

烹饪：9分钟　难易度：★★☆

**原 料**

苦瓜400克，肉末100克，姜末、蒜末、葱花各少许

**调 料**

盐3克，水淀粉10毫升，鸡精3克，白糖3克，蚝油3克，老抽3毫升，生抽3毫升，胡椒粉、食用油、芝麻油各适量

**做 法**

1 苦瓜切成约3厘米长的棋子段，挖出瓤籽。
2 肉末装入碗中，加入少许生抽、鸡精、盐、胡椒粉、生粉、芝麻油拌匀，腌渍10分钟入味。
3 锅中注水烧开，加少许食粉，倒入苦瓜拌匀，煮约2分钟至熟，捞出，放入凉水中冷却。
4 苦瓜段内壁抹上生粉，逐一填入腌好的肉末。
5 用油起锅，放入苦瓜煎至微微焦黄后盛出。
6 锅留底油爆香姜末、蒜末，加料酒、清水、蚝油、老抽、生抽、盐、鸡精、白糖拌匀煮沸。
7 倒入苦瓜，加盖，慢火焖5分钟至熟软入味。
8 盛出煮好的酿苦瓜。
9 原汤汁加水淀粉勾芡调成浓汁。
10 将浓汁浇在酿苦瓜上，撒上葱花即可。

**烹饪妙招**

苦瓜焯水时要用旺火以保鲜嫩，焯好后要快速过凉水。

好吃又营养

南瓜含丰富的锌，及多种矿物质，能预防骨质疏松和高血压，适合中老年人，尤其高血压者食用。

# 蜜汁南瓜

烹饪：8分钟　难易度：★☆☆

## 原料

南瓜500克，鲜百合40克，枸杞3克

## 调料

冰糖30克

## 做法

1 将去皮洗净的南瓜切片。
2 把南瓜片装入盘中，堆成塔形。
3 百合洗净，掰成片状。
4 将枸杞洗净。
5 用百合片放入南瓜中央摆成花瓣型。
6 放入枸杞点缀。
7 将南瓜移到蒸锅。
8 蒸约7分钟，取出。
9 锅中加少许清水，倒入冰糖，拌匀。
10 用小火煮至融化，将冰糖汁浇在南瓜上即可。

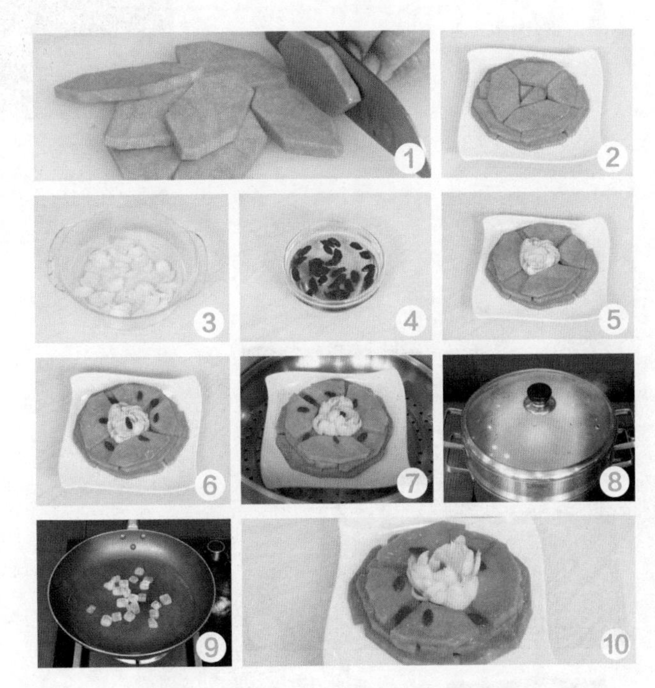

**烹饪妙招**

熬冰糖时，水和糖的比例要合适，一般1：1即可。

# 米汤南瓜

烹饪：20分钟　难易度：★☆☆

## 原料

南瓜500克，姜、葱、蒜各适量

## 调料

盐2克，鸡粉1克，芝麻油、水淀粉、米汤、食用油各适量

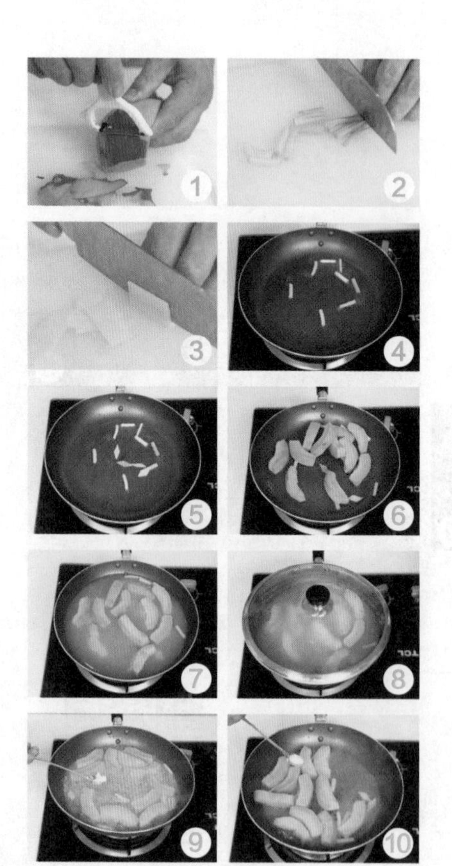

## 做法

1 南瓜洗净、去皮、去瓤，切长方块。
2 葱切段。
3 姜切片。
4 炒锅注食用油烧熟，下葱段炒香。
5 下姜片炒香。
6 投入南瓜块翻炒。
7 添入米汤，没过南瓜块，大火煮沸。
8 转小火焖至南瓜块软烂。
9 撒入盐、鸡粉略烧。
10 用水淀粉勾芡，收汁，淋芝麻油即可。

**烹饪妙招**

南瓜置于热油锅中翻炒至色泽金黄，即可添入米汤，这样制成的米汤南瓜香味浓郁。

**烹饪妙招**

南瓜是糖尿病人的绝好食材。可把南瓜烘干，制成南瓜粉，供糖尿病人长期少量食用。

# 腐乳南瓜

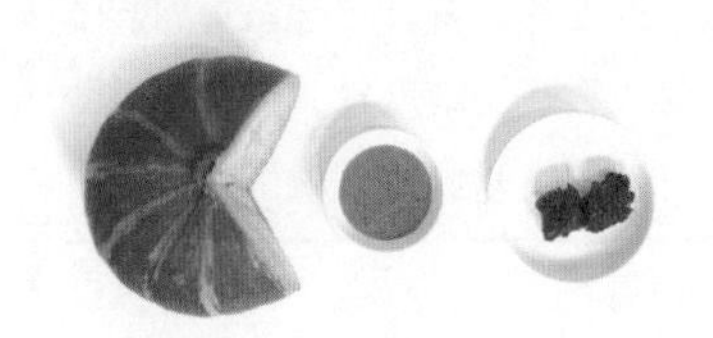

烹饪：15分钟　难易度：★★☆

**原 料**

南瓜500克，腐乳2块，蒜适量

**调 料**

腐乳汁6毫升，盐2克，鸡粉1克，芝麻油、食用油各适量

**做 法**

1 南瓜洗净、去皮、去瓤。
2 南瓜切成条。
3 腐乳块压成泥，加入腐乳汁拌匀。
4 蒜洗净，切成末。
5 炒锅注食用油烧熟，下蒜末炒香。
6 倒入腐乳泥炒数下。
7 放入南瓜条炒匀。
8 加入盐、鸡粉。
9 加入适量开水。
10 小火焖至汤汁干，淋入芝麻油即成。

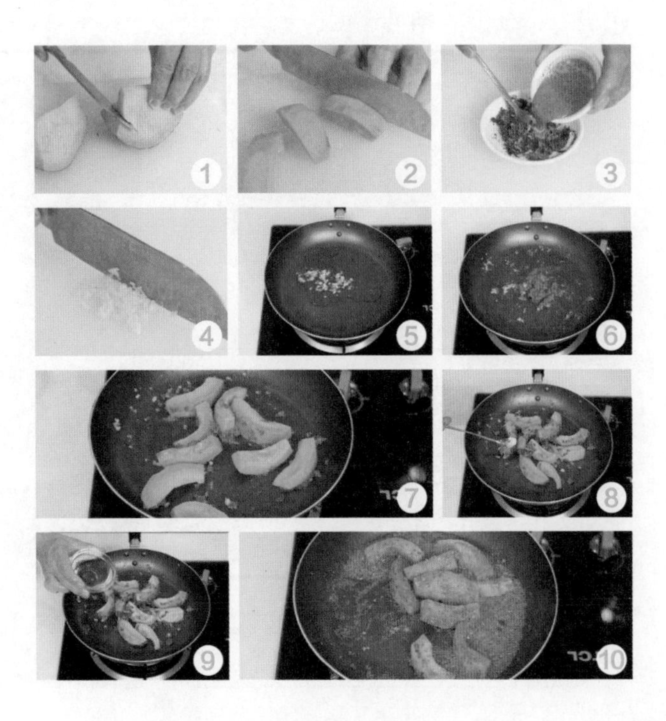

# 旱蒸南瓜

烹饪：18分钟　难易度：★☆☆

**原 料** 去皮南瓜200克，蒸肉米粉70克，辣椒酱30克，姜片、蒜片、葱段各少许

**调 料** 盐、鸡粉各1克，食用油适量

### 做 法

1 南瓜切片，装入碗中，倒入蒸肉米粉。
2 注水搅拌均匀，拌好的南瓜片装盘待用。
3 电蒸锅注水放入南瓜片，盖盖，蒸好。
4 用油起锅爆香姜片、蒜片、葱段，加辣椒酱炒匀，倒入蒸好的南瓜片，入锅调味。
5 加入盐、鸡粉，快速炒匀入味即可。

**烹饪妙招**
调味时加点白糖会更香甜。

# 百合炒南瓜

烹饪：2分钟　难易度：★☆☆

**原 料** 南瓜150克，青椒15克，百合10克

**调 料** 盐2克，白糖1克，食用油适量

### 做 法

1 把去皮洗净的南瓜切片；青椒切成小块。
2 锅中注水烧开，倒入南瓜大火煮1分钟，再加入百合煮约半分钟，捞出沥干水分。
3 炒锅热油，倒入青椒翻炒片刻。
4 倒入南瓜、百合，加盐、白糖炒至入味。

**烹饪妙招**
南瓜焯水的时间不宜太长。

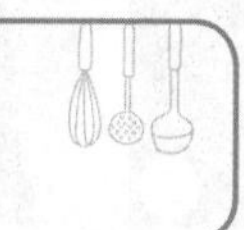

# 彩蔬烩草菇

烹饪：1分30秒　难易度：★☆☆

**原料** 草菇100克，玉米粒85克，彩椒65克

**调料** 盐3克，鸡粉2克，胡椒粉少许，食用油适量

### 做法

1 彩椒块焯煮至其断生，捞出沥干，待用。
2 草菇略煮，加盐拌匀，熟透后捞出待用。
3 油锅放彩椒块、玉米粒翻炒匀，加盐、鸡粉、胡椒粉，倒入水淀粉炒至入味待用。
4 取盘摆好草菇，再盛入炒熟的材料即可。

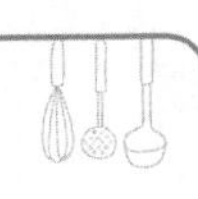

**烹饪妙招**
焯煮草菇时可加少许料酒。

# 草菇西蓝花

烹饪：1分30秒　难易度：★☆☆

**原料** 草菇90克，西蓝花200克，胡萝卜片、姜末、蒜末、葱段各少许

**调料** 料酒8毫升，蚝油8克，盐2克，鸡粉2克，水淀粉、食用油各适量

### 做法

1 草菇切成小块，西蓝花切成小朵。
2 西蓝花、草菇焯煮至断生，沥干备用。
3 爆香胡萝卜片、姜末、蒜末、葱段，倒草菇、料酒翻炒，加蚝油、盐、鸡粉炒匀。
4 淋入清水、水淀粉翻炒，装盘即可。

**烹饪妙招**
西蓝花烹饪前可用淡盐水中浸泡。

# 松仁香菇

烹饪：25分钟　难易度：★★☆

## 原料

香菇200克，松仁100克，葱、姜各适量

## 调料

盐、白糖、水淀粉、酱油、高汤、蚝油、食用油各适量

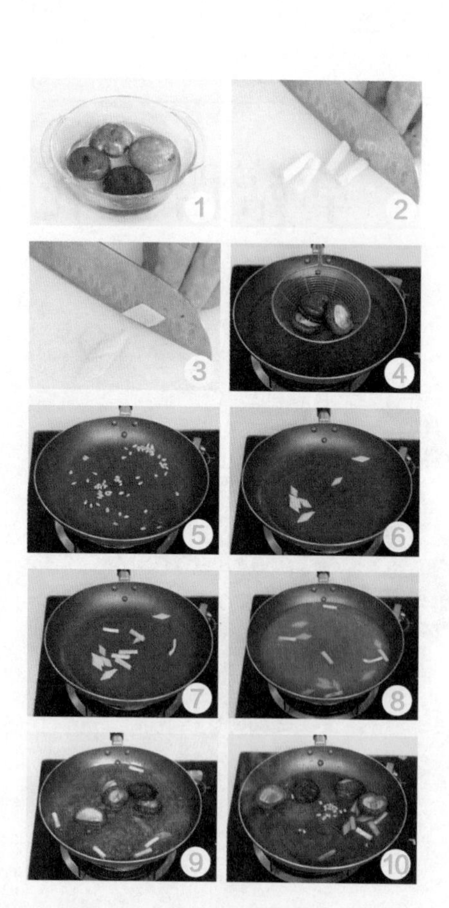

## 做法

1 香菇用温水泡开，捞出控干。
2 葱切段。
3 姜切片。
4 锅中注食用油烧至七成热，下入香菇，过油捞出。
5 锅中留油，下入松仁炸好，捞出。
6 锅中留油烧热，下入姜片炒香。
7 下入葱段炒香。
8 加入高汤。
9 加入蚝油、白糖、酱油、香菇，小火慢烧10分钟。
10 用水淀粉勾芡，加入松仁即成。

**烹饪妙招**

泡发香菇的水可添入锅中作高汤。

# 蚝油卤香菇

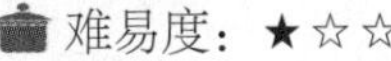

烹饪：34分钟　难易度：★☆☆

## 原料

香菇100克，猪骨头400克，卤料包1个，蚝油25克，葱段少许，姜片少许

## 调料

鸡粉3克，生抽5毫升，料酒4毫升，盐2克，食用油适量

## 做法

1 锅中注入适量清水，大火烧开，倒入洗净的猪骨，汆煮去除杂质，将猪骨捞出，沥干水分，待用。
2 热锅注油烧热，放入葱段、姜片，爆香。
3 注入适量的清水，倒入猪骨、卤料包。
4 淋入生抽、料酒，加入盐，搅拌调味。
5 盖上盖，大火煮开后转小火焖30分钟。
6 揭开盖，倒入香菇、蚝油，稍稍搅拌。
7 盖上盖，用小火续焖10分钟至入味。
8 揭开盖，放入鸡粉，拌匀。
9 关火，将食材盛出，放凉。
10 切好的香菇装入盘中，浇上汤汁即可。

**烹饪妙招**

猪骨汆水时可加入些许醋，能更好地析出钙质。

好吃又营养

虾含有丰富的镁，能保护心血管系统，可减少血液中胆固醇含量，防止动脉硬化等。

# 香菇鲜虾盏

烹饪：10分钟　难易度：★★☆

## 原料

鲜香菇100克，青椒20克，基围虾220克

## 调料

盐5克，糖3克，胡椒粉3克，水淀粉、食用油各适量

## 做法

1 洗净的香菇去蒂，待用。
2 基围虾去头，剥壳，片开去虾线，放入碗中待用。
3 放入盐、胡椒粉、食用油，腌渍10分钟。
4 洗净的青椒切成圈，待用。
5 热锅注水煮沸，放入盐，搅拌均匀，放入香菇，焯水，煮2分钟。
6 将香菇捞起，待用。
7 将虾放入香菇中，在盘中码放整齐，将盘子放入电蒸锅，蒸6分钟。
8 热锅注水烧开，放入盐、糖、青椒，搅拌均匀。
9 注入适量水淀粉，勾芡，加入适量食用油，搅拌均匀。
10 取出食材，浇上调好的汁即可。

**烹饪妙招**

如果口味较重，也可以加适量的辣椒调味。

**烹饪妙招**

香菇洗好后应控干水分，避免水分过多影响口感。

# 芝士焗香菇

烹饪：20分钟　难易度：★★☆

## 原 料

鲜香菇200克，猪肉馅110克，黄油35克，马苏里拉奶酪丝40克，洋葱40克，去皮胡萝卜100克，芹菜20克

## 调 料

盐、胡椒粉各3克，料酒3毫升，食用油适量

## 做 法

1 洗净的胡萝卜切片，待用。
2 洗净的洋葱切成碎，洗净的芹菜切成碎，待用。
3 洗净的香菇去蒂，待用。
4 热锅放入黄油炒溶，放入洋葱，爆香。
5 放入猪肉馅，炒香。
6 注入料酒、盐、胡椒粉，炒匀，捞起放入碗中，待用。
7 烤盘上铺上锡纸，刷上一层油，放入胡萝卜。
8 胡萝卜上面放入香菇、猪肉馅、芹菜、奶酪碎。
9 将烤盘放入烤箱，关闭烤箱门，温度设置为200℃，调上下火加热，烤15分钟。
10 待时间到，打开烤箱，取出烤盘，将食材放入盘中即可。

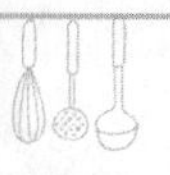

烹饪妙招

平菇焯水不宜太久，以免煮得太软烂，影响口感。

# 凉拌手撕平菇

烹饪：1分30秒　难易度：★☆☆

## 原料

平菇200克，彩椒70克，蒜末少许

## 调料

盐3克，鸡粉2克，白糖3克，陈醋5毫升，食用油适量

## 做法

1 洗净的彩椒切成条。
2 洗好的平菇撕成小块，备用。
3 锅中注入适量清水烧开，放入少许盐、鸡粉，倒入适量食用油。
4 倒入平菇，加入彩椒，搅拌匀，煮半分钟，至其断生。
5 把煮好的平菇和彩椒捞出，沥干水分。
6 将平菇和彩椒装入碗中，放入适量盐、白糖。
7 加入蒜末。
8 淋入陈醋，倒入芝麻油。
9 用筷子拌至入味。
10 将拌好的食材盛出，装入盘中即可。

# 酱炒平菇肉丝

烹饪：5分钟　难易度：★☆☆

## 原料

平菇270克，瘦肉160克，姜片、葱段各少许，黄豆酱12克，豆瓣酱15克

## 调料

盐2克，鸡粉3克，水淀粉、料酒、食用油各适量

## 做法

1 洗净的瘦肉切成丝，放入碗里。
2 加入料酒、盐、水淀粉，拌匀，注入少许食用油，拌匀，腌渍约10分钟。
3 锅中注入适量清水烧开，倒入平菇，拌匀，焯煮约1分钟至断生。
4 关火后捞出焯煮好的平菇，沥干，装盘待用。
5 用油起锅，倒入瘦肉丝，炒匀至转色，放入姜片、葱段，炒香。
6 加入豆瓣酱，倒入黄豆酱，炒匀。
7 放入平菇，炒匀。
8 加入盐、鸡粉，炒匀。
9 倒入水淀粉，翻炒约2分钟至入味。
10 关火后将炒好的菜肴装入盘中即可。

**烹饪妙招**

平菇事先需用水焯煮片刻，这样可去除其异味。

# 金针菇拌豆干

烹饪：3分钟　难易度：★☆☆

## 原料

金针菇85克，豆干165克，彩椒20克，蒜末少许

## 调料

盐、鸡粉各2克，芝麻油6毫升

## 做法

1 洗净的金针菇切去根部。
2 洗好的彩椒切细丝。
3 洗净的豆干切粗丝，备用。
4 锅中注适量清水烧开，倒入豆干，略煮一会儿。
5 捞出豆干，沥干水分，待用。
6 锅中注适量清水烧开，倒入金针菇、彩椒，拌匀，煮至断生。
7 捞出材料，沥干水分，待用。
8 取一个大碗，倒入金针菇、彩椒，放入豆干，拌匀。
9 撒上蒜末，加入盐、鸡粉、芝麻油，拌匀。
10 将拌好的菜肴装入盘中即成。

**烹饪妙招**

豆干焯煮的时间不宜过长，以免影响其口感。

# 芥油金针菇

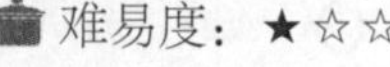

烹饪：15分钟　难易度：★☆☆

## 原料

金针菇300克，火腿100克，香菜适量

## 调料

盐、芥末油、芝麻油各适量

## 做法

1 将金针菇去掉根部，洗净。
2 洗净的香菜切成段。
3 火腿切丝。
4 锅中注水烧开，下入金针菇。
5 下入火腿丝。
6 下入香菜段焯一下。
7 捞出沥干。
8 金针菇、香菜段、火腿丝放入盆中。
9 加盐。
10 加芥末油、芝麻油，拌匀即可。

**烹饪妙招**

焯水要等锅中的水完全烧开后才能进行。

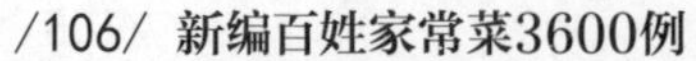

**烹饪妙招**

西蓝花焯水不宜太久，以免影响口感和营养价值。

# 杏鲍菇扒西蓝花

烹饪：2分钟　难易度：★☆☆

## 原料

杏鲍菇120克，西蓝花300克，白芝麻、姜片、葱段各少许

## 调料

盐5克，鸡粉2克，蚝油8克，陈醋6毫升，生抽5毫升，料酒10毫升，水淀粉5毫升，食用油适量

## 做法

1 杏鲍菇切片，西蓝花切小块。
2 锅中注水烧开，倒入少许食用油，加入3克盐，放入西蓝花，煮1分钟。
3 捞出西蓝花，装入盘中，摆放在盘子周边，备用。
4 再把杏鲍菇倒入沸水锅中，煮至沸，加入料酒搅拌匀。
5 捞出杏鲍菇，沥干水分。
6 用油起锅，放入姜片、葱段爆香，倒入杏鲍菇炒匀。
7 淋入料酒，炒匀提鲜，加入少许生抽、蚝油翻炒均匀。
8 倒入清水，加入少许盐、鸡粉、陈醋，炒匀调味。
9 倒入水淀粉，翻炒均匀。
10 盛出杏鲍菇，放入西蓝花围边的盘中，撒白芝麻即可。

# 杏鲍菇炒火腿肠

烹饪：2分钟　难易度：★☆☆

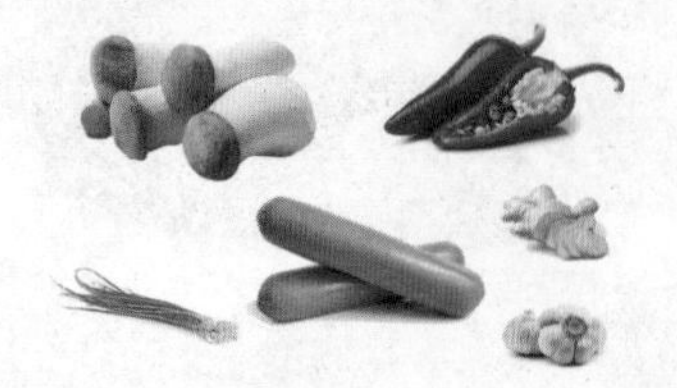

## 原料

杏鲍菇100克，火腿肠150克，红椒40克，姜片、葱段、蒜末各少许

## 调料

蚝油7克，盐2克，鸡粉2克，料酒5毫升，水淀粉4毫升，食用油适量

## 做法

1 洗好的杏鲍菇切成薄片，火腿肠切成薄片，洗净的红椒切成小段。
2 锅中注入适量清水烧开，加入少许盐、鸡粉、食用油。
3 倒入杏鲍菇，搅拌匀，煮约半分钟至其断生。
4 将杏鲍菇捞出，沥干水分，待用。
5 用油起锅，倒入蒜末、姜片，爆香。
6 放入火腿肠，翻炒均匀。
7 倒入杏鲍菇、红椒块，快速翻炒均匀。
8 淋入料酒，加入鸡粉、盐、蚝油，炒匀调味，倒入少许水淀粉，翻炒均匀。
9 放入葱段，翻炒出香味。
10 将炒好的菜肴盛出，装入盘中即可。

**烹饪妙招**

杏鲍菇本身味道鲜美，因此不宜放太多的鸡粉调味。

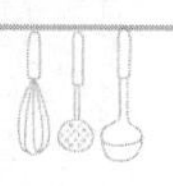

烹饪妙招

菠萝烹饪前可先用盐水浸泡，可以有效去除菠萝的酸涩味。

# 菠萝炒木耳

烹饪：15分钟　难易度：★☆☆

**原 料**

菠萝肉250克，黑木耳25克，枸杞子适量

**调 料**

盐2克，水淀粉、食用油各适量

**做 法**

1 黑木耳用冷水泡发。
2 洗净，撕成小片。
3 菠萝肉洗净，用盐水浸泡。
4 菠萝肉切片。
5 枸杞子洗净略泡。
6 炒锅注色拉油烧热，下黑木耳片煸炒。
7 放入菠萝片同炒。
8 放入枸杞子、适量清水略烧。
9 撒入盐调味。
10 用水淀粉勾芡，炒匀即可。

# 黄瓜炒木耳

⏱烹饪：2分30秒　难易度：★☆☆

**原 料** 黄瓜180克，水发木耳100克，胡萝卜40克，姜片、蒜末、葱段各少许

**调 料** 盐、鸡粉、白糖各2克，水淀粉10毫升，食用油适量

### 做 法

1 胡萝卜切片；黄瓜切开去瓤，切段备用。
2 爆香姜片、蒜片、葱段，放胡萝卜炒匀。
3 倒入木耳翻炒匀，加入黄瓜，炒匀。
4 加入盐、鸡粉、白糖，炒匀调味，倒入水淀粉，翻炒均匀，盛出菜肴即可。

**烹饪妙招**
应用大火快炒，以免营养流失。

# 木耳炒山药片

⏱烹饪：1分30秒　难易度：★☆☆

**原 料** 山药180克，水发木耳40克，香菜40克，彩椒50克，姜片、蒜末各少许

**调 料** 盐3克，鸡粉2克，料酒10毫升，蚝油10克，水淀粉5毫升，食用油适量

### 做 法

1 木耳、山药、彩椒稍煮后捞出，沥干。
2 用油起锅，下姜片、蒜末翻炒，倒入焯煮好的食材翻炒匀；淋入料酒，炒匀提鲜。
3 加盐、鸡粉、蚝油，倒入水淀粉翻炒。
4 放入香菜，炒至断生后盛出，装盘即可。

**烹饪妙招**
山药加醋清洗可减少黏液。

**烹饪妙招**

水发木耳时加入适量淀粉，可使木耳的杂质更容易沉淀。

# 大葱肉末木耳

烹饪：20分钟　难易度：★★☆

## 原 料

水发木耳150克，猪肉、大葱各100克，青尖椒、红尖椒各1个，姜适量

## 调 料

盐2克，酱油5毫升，蚝油2克，水淀粉、食用油各适量

## 做 法

1 水发木耳洗净。
2 撕成片，下开水锅焯一下，捞出。
3 青尖椒、红尖椒洗净，去籽，切末。
4 大葱切片，姜切片。
5 猪肉切末。
6 炒锅注花生油烧热，下入大葱片、姜片爆香。
7 加入猪肉末炒香。
8 加木耳片、酱油、盐、蚝油烧片刻。
9 用水淀粉勾芡。
10 加入青尖椒末、红尖椒末略炒即成。

# 荷兰豆炒香菇

烹饪：2分钟　难易度：★☆☆

原料 荷兰豆120克，香菇60克，葱段少许

调料 盐3克，鸡粉2克，蚝油6克，水淀粉4毫升，食用油适量

**做法**

1. 荷兰豆切去头尾；香菇切粗丝。
2. 锅中注水烧开，加盐、油、鸡粉，倒入香菇丝、荷兰豆煮至断生，捞出沥干水分。
3. 爆香葱段，加荷兰豆、香菇、蚝油翻炒。
4. 放鸡粉、盐，倒入水淀粉，翻炒均匀。

**烹饪妙招**

荷兰豆翻炒的时间不可太长。

# 腊肠炒荷兰豆

烹饪：2分30秒　难易度：★★☆

原料 荷兰豆150克，腊肠50克，姜片、蒜片、葱段各少许

调料 盐少许，鸡粉、白糖各2克，水淀粉、食用油各适量

**做法**

1. 腊肠斜刀切片，荷兰豆切去头尾。
2. 荷兰豆焯煮至食材断生后捞出，待用。
3. 用油起锅，爆香姜片、蒜片、葱段，放入腊肠炒匀炒香，倒入焯过水的食材炒匀。
4. 加盐、鸡粉、白糖快炒至食材熟透即可。

**烹饪妙招**

焯荷兰豆时最好淋入少许油。

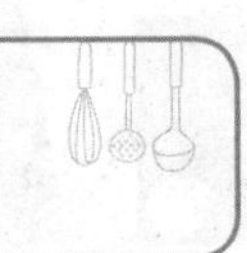

**烹饪妙招**

焯煮藕片时加入少许白醋，能防止其变色。

# 藕片荷兰豆炒培根

烹饪：2分30秒　难易度：★☆☆

## 原 料

莲藕200克，荷兰豆120克，彩椒15克，培根50克

## 调 料

盐3克，白糖、鸡粉各少许，料酒3毫升，水淀粉、食用油各适量

## 做 法

1 荷兰豆洗净，莲藕切薄片，彩椒切条形，培根切小片。
2 锅中注水烧开，倒入培根片略煮后，捞出沥干，待用。
3 沸水锅中再倒入藕片，拌匀，略煮一会儿。
4 放入荷兰豆，加入少许盐、食用油，拌匀，再倒入彩椒，拌匀，煮至材料断生。
5 捞出焯煮好的材料，沥干。
6 用油起锅，倒入汆过水的培根，炒匀，淋入少许料酒，炒出香味。
7 放入焯过水的材料，炒透。
8 加入少许盐、白糖、鸡粉炒匀调味，倒入适量水淀粉。
9 用中火炒匀，至食材入味。
10 关火后盛出，装盘即成。

好吃又营养

四季豆具有调和脏腑、安养精神、利水消肿的功效，还可用于暑湿伤中等病症。

# 虾酱肉末四季豆

烹饪：20分钟　难易度：★★☆

## 原料

四季豆200克，五花肉100克，虾酱75克，鸡蛋2个，香菜、香葱、姜各适量

## 调料

盐3克，料酒3毫升，酱油2毫升，鲜汤、食用油各适量

## 做法

1 四季豆择洗净，下入开水果中焯烫，捞出切末。
2 五花肉、香菜、香葱、姜分别切末。
3 鸡蛋打入碗内，加入少许虾酱拌匀。
4 炒锅注食用油烧热，倒入虾酱鸡蛋液，小火炒熟，盛出。
5 炒锅注食用油烧热，下入香葱末、姜末爆香。
6 加入五花肉末，炒匀，加酱油、料酒，煸炒至熟。
7 放入四季豆末、虾酱鸡蛋。
8 倒入鲜汤，用慢火煨透。
9 撒盐调味。
10 加入香菜末，翻炒均匀即成。

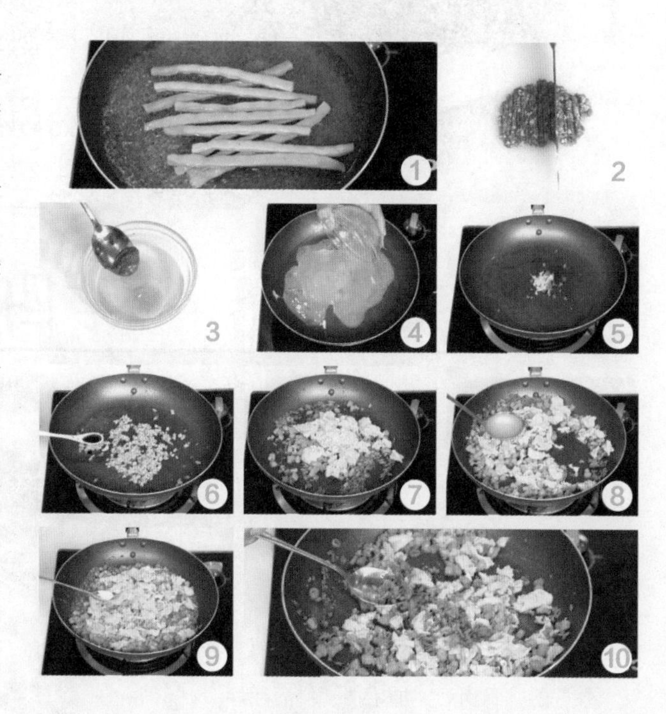

**烹饪妙招**

四季豆必须煮透才能食用。

# 肉末干煸四季豆

烹饪：3分钟　难易度：★☆☆

**原 料** 四季豆170克，肉末80克

**调 料** 盐2克，鸡粉2克，料酒5毫升，生抽、食用油各适量

### 做 法

1 将洗净的四季豆切成长段。
2 热锅注油烧至六成热，放入四季豆，用小火炸2分钟，捞出四季豆，备用。
3 锅底留油烧热，倒入肉末，炒匀，加入适量料酒，炒香，倒入少许生抽，炒匀。
4 放入四季豆炒匀，加盐、鸡粉炒匀即可。

**烹饪妙招**
四季豆的丝要清除干净。

# 四季豆烧排骨

烹饪：17分钟　难易度：★★☆

**原 料** 去筋四季豆200克，排骨300克，姜片、蒜片、葱段各少许

**调 料** 盐、鸡粉各1克，生抽、料酒各5毫升，水淀粉、食用油各适量

### 做 法

1 热锅注油，爆香姜片、蒜片、葱段。放入余好的排骨稍炒，加生抽、料酒翻炒。
2 倒入切好的四季豆炒匀，注入适量清水。
3 中火焖15分钟至食材熟软入味。
4 加盐、鸡粉，用水淀粉勾芡即可。

**烹饪妙招**
加少许白糖可起到提鲜作用。

烹饪妙招

汆煮鱿鱼时，可以加点料酒，能去除腥味。

# 鱿鱼须炒四季豆

烹饪：2分30秒　难易度：★☆☆

## 原料

鱿鱼须200克，四季豆300克，彩椒、姜片、葱段各适量

## 调料

盐3克，白糖2克，料酒6毫升，鸡粉2克，水淀粉3毫升，食用油适量

## 做法

1 四季豆切成小段；彩椒去籽，切成粗条；鱿鱼须切成段。
2 锅中注适量清水，加少许盐，倒入四季豆，煮至断生。
3 将焯煮好的四季豆捞出，沥干水分。
4 锅中再倒入鱿鱼须，搅匀，汆去杂质。
5 将汆煮好的鱿鱼捞出，沥干水分，待用。
6 热锅注油，爆香姜片、葱段。
7 放入鱿鱼，快速翻炒均匀。
8 淋入少许料酒，倒入彩椒、四季豆，加入少许盐、白糖、鸡粉、水淀粉。
9 快速翻炒均匀至食材入味。
10 关火后将炒好的菜肴盛出，装入盘中即可。

# 麻婆豆腐

烹饪：4分钟　难易度：★☆☆

## 原料

嫩豆腐400克，鸡汤500毫升，蒜、葱各少许

## 调料

食用油适量，豆瓣酱35克，鸡粉、花椒各3克，淀粉10克，生抽少许

## 做法

1 洗净的葱切碎，蒜切末，豆瓣酱剁碎，使得菜色更美观、更入味。
2 洗净的豆腐切成小块，放在备有清水的碗中，浸泡待用。
3 热锅注水烧热，将豆腐放入锅中，焯水2分钟，倒出备用。
4 热锅注油烧热，放入豆瓣酱炒香。
5 放入蒜末炒出香味。
6 倒入鸡汤拌匀烧开，再倒入生抽，翻炒均匀。
7 放入豆腐烧开，撒入鸡粉，炒至均匀入味。
8 加入水淀粉勾芡，撒入花椒粉调味。
9 撒入葱花。
10 关火，盛出炒好的菜肴放至备好的盘中即可。

**烹饪妙招**

豆腐入热水焯烫一下，烹饪的时候比较结实、不易散。

# 蘑菇竹笋豆腐

烹饪：2分钟　难易度：★☆☆

## 原料

豆腐400克，竹笋50克，口蘑60克，葱花少许

## 调料

盐少许，水淀粉4毫升，鸡粉2克，生抽、老抽、食用油各适量

## 做法

1 洗净的豆腐切小块，洗好的口蘑切成丁，去皮洗净的竹笋切成丁。
2 锅中注入适量清水烧开，放少许盐。
3 倒入切好的口蘑、竹笋，搅拌匀，煮1分钟。
4 放入切好的豆腐，搅拌均匀，略煮片刻。
5 把焯煮好的食材捞出，沥干水分，装盘备用。
6 锅中倒入适量食用油，放入焯过水的食材，翻炒匀。
7 加入适量清水。
8 放入适量盐、鸡粉、生抽，炒匀。
9 加少许老抽，翻炒均匀。
10 加入水淀粉，待食材收汁后，装入盘中，撒上葱花即可。

**烹饪妙招**

煎豆腐的时候火不宜太大，中火为佳，以免煎煳了。

# 腊味家常豆腐

烹饪：9分钟　难易度：★☆☆

## 原料

豆腐200克，腊肉180克，干辣椒10克，蒜末10克，朝天椒15克，姜片、葱段各少许

## 调料

盐、鸡粉各1克，生抽5毫升，水淀粉5毫升，食用油适量

## 做法

1 洗净的豆腐切粗条，腊肉切片。
2 热锅注油，放入切好的豆腐，煎约4分钟至两面焦黄，出锅备用。
3 锅留底油，倒入切好的腊肉，炒香。
4 放入姜片、蒜末、干辣椒、朝天椒，加入生抽，炒匀。
5 注入适量清水。
6 倒入煎好的豆腐，炒约2分钟至熟软。
7 加入盐、鸡粉，翻炒2分钟至入味。
8 用水淀粉勾芡，炒至收汁。
9 倒入葱段。
10 关火后盛出菜肴，装盘即可。

**烹饪妙招**

豆腐最好在冰箱里冷藏半天，可去除部分豆腥味。

**烹饪妙招**

豆腐丝可以切短一点，这样更方便食用。

# 豆腐皮拌牛腱

烹饪：2分钟　难易度：★★☆

**原料**

卤牛腱150克，豆腐皮80克，彩椒30克，蒜末、香菜各少许

**调料**

生抽4毫升，盐2克，鸡粉2克，白糖3克，芝麻油3毫升，红油3毫升，花椒油4毫升

**做法**

1 洗净的豆腐皮切成细丝。
2 洗净的彩椒切成丝。
3 择洗好的香菜切成碎。
4 卤牛腱切成片，再切成丝。
5 锅中注入适量清水大火烧开，倒入豆腐丝，汆煮片刻，去除豆腥味。
6 将豆腐丝捞出，沥干水分。
7 取一个碗，倒入牛腱丝、豆腐丝。
8 放入彩椒丝、蒜末，加入生抽、盐、鸡粉、白糖，淋入芝麻油、红油、花椒油，拌匀。
9 放入香菜碎，搅拌片刻，使其充分入味。
10 将拌好的菜肴摆入盘中即可。

好吃又营养
豆腐皮含有植物蛋白、钙、磷、钾等多种营养物质，具有补充营养、增强体质等作用。

# 腐皮卷素菜

烹饪：25分钟　难易度：★★★

## 原料

豆腐皮100克，胡萝卜1根，韭菜、绿豆芽各50克，榨菜、鲜香菇各30克

## 调料

姜汁少许，盐2克，白糖、胡椒粉各1克，淀粉、食用油各适量

## 做法

1 鲜香菇洗净切末。
2 胡萝卜洗净切末。
3 榨菜切末。
4 绿豆芽洗净切末。
5 韭菜洗净切末。
6 淀粉加适量水调成浆。
7 炒锅注食用油烧热，放入香菇末、胡萝卜末、榨菜末、绿豆芽末、韭菜末。
8 加盐、白糖、胡椒粉炒匀，制成馅。
9 将豆腐皮包入适量馅，卷成长条，在收口处涂上淀粉浆。
10 下入热油锅煎至两面金黄，盛出，斜切大段即可。

**烹饪妙招**

用慢火煎可使豆腐皮外酥内香，口感极佳。

# 虾仁腐皮包

烹饪：12分钟　难易度：★☆☆

原料 虾仁100克，豆腐130克，竹笋50克，鲜香菇25克，腐皮185克

调料 料酒、生抽、芝麻油各5毫升

做法

1 腐皮放入清水碗中浸泡，豆腐剁碎待用。
2 虾仁、香菇、竹笋切碎，加调料拌匀。
3 腐皮摊开切成三块，拌好的食材放在腐皮里包好，摆上剩下的虾仁作装饰。
4 盘子放入蒸锅中，蒸至熟透即可。

烹饪妙招
腐皮需先浸泡软了才可包馅料。

# 香焖素鸡

烹饪：10分钟　难易度：★☆☆

原料 素鸡2根，姜片、葱段各少许

调料 盐2克，鸡粉1克，白糖3克，生抽5毫升，食用油适量

做法

1 素鸡入锅滑油至焦黄色，捞出装盘待用。
2 锅中爆香姜片、葱段，加入素鸡、生抽炒匀，注少许清水，稍煮至素鸡微软。
3 加入盐、白糖搅匀，注少许清水，搅匀。
4 大火至熟软入味，加入鸡粉炒匀即可。

烹饪妙招
素鸡滑油后可用厨房纸吸油。

烹饪妙招

蒜薹不宜烹制得过烂，以免其中的辣素被破坏，杀菌作用降低。

# 素鸡炒蒜薹

烹饪：15分钟　难易度：★☆☆

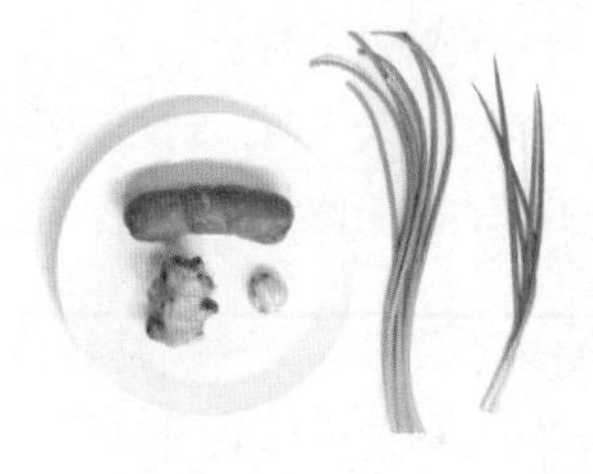

## 原 料

素鸡250克，嫩蒜薹100克，葱、姜、蒜各适量

## 调 料

盐2克，料酒3毫升，水淀粉、芝麻油、食用油各适量

## 做 法

1 将素鸡切成条。
2 葱、姜、蒜切末。
3 嫩蒜薹洗净，切成段。
4 炒锅注食用油烧热，下入葱末爆香。
5 下入姜末、蒜末爆香。
6 烹入料酒，放入盐。
7 放入素鸡条煸炒。
8 加入嫩蒜薹段煸炒。
9 用水淀粉勾芡，小火收汁。
10 淋上芝麻油，出锅即成。

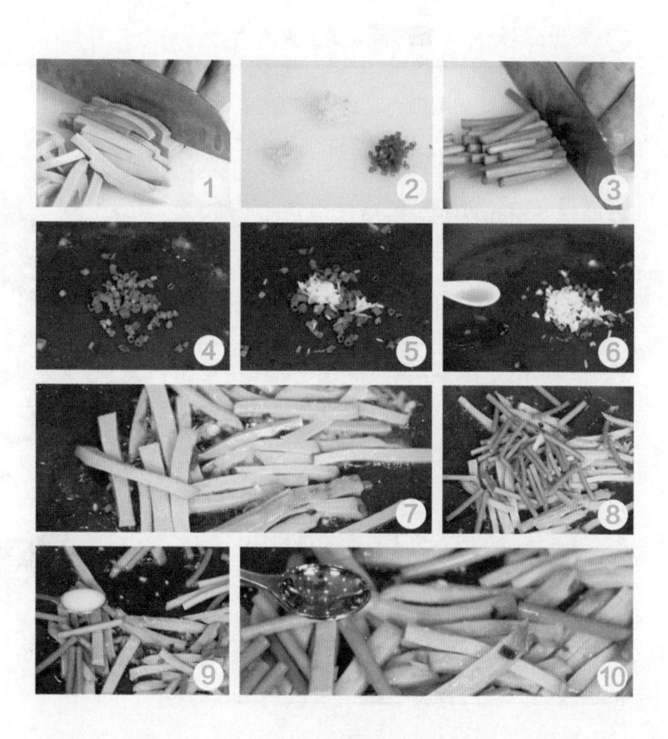

# 蒜泥白肉

烹饪：42分钟　难易度：★☆☆

**原料** 五花肉300克，蒜泥30克，葱条、姜片、葱花各适量

**调料** 盐3克，味精、辣椒油、酱油、芝麻油、花椒油各少许

**做法**

1 锅中注水烧热，放入五花肉、葱条、姜片，淋上少许料酒提鲜，煮至材料熟透。
2 关火，在原汁中浸泡20分钟。
3 蒜泥中加入调料，拌匀入味，制成味汁。
4 五花肉切成薄片，浇上味汁，撒上葱花。

**烹饪妙招**
五花肉在原汁中浸泡会更入味。

# 如意白肉卷

烹饪：3分钟　难易度：★☆☆

**原料** 熟五花肉400克，蒜薹100克，红椒粒40克，蒜末40克，葱花少许

**调料** 芝麻油10毫升，鸡粉2克，陈醋5毫升，盐2克，白糖2克，生抽10毫升

**做法**

1 蒜薹切段，汆煮至断生捞出，沥干待用。
2 熟五花肉片铺平，摆上蒜薹段，卷起，用牙签固定住，即成白肉卷。
3 取碗倒入蒜末及其他调料，制成味汁。
4 将味汁摆在肉卷边上，蘸食即可。

**烹饪妙招**
肉片不要切太薄，以免碎掉。

**烹饪妙招**

五花肉放入冰箱冷冻一会儿，会比较容易切片。

# 豉香回锅肉

烹饪：4分钟　难易度：★☆☆

**原 料**

熟五花肉300克，青椒60克，蒜、姜、葱各少许，老干妈豆豉酱30克

**调 料**

盐、鸡粉各3克，老抽3毫升，食用油适量

**做 法**

1 洗净的青椒去柄切成小块。
2 熟五花肉切成薄片，待用。
3 蒜去皮，切成蒜末。
4 去皮洗净的姜切成姜片。
5 洗净的葱切段。
6 热锅注油烧热，倒入五花肉，炒至转色。
7 倒入葱段、姜片、蒜末，炒香。
8 倒入老干妈豆豉酱，放入青椒，炒匀入味。
9 加入盐、鸡粉、老抽，炒至入味。
10 关火后将炒好的菜肴盛入盘中即可。

# 锅包肉

烹饪：15分钟　难易度：★★☆

## 原料

猪瘦肉600克，蛋黄1个，蒜末、葱花各少许

## 调料

盐4克，鸡粉2克，陈醋4毫升，白糖3克，番茄酱15克，水淀粉5毫升，生粉、食用油各适量

## 做法

1 碗中倒适量清水、陈醋、白糖、盐和番茄酱。
2 搅拌均匀，调成酱汁，备用。
3 猪瘦肉切成薄片，用刀背拍打肉片，装碗，加盐、鸡粉，倒入蛋黄搅拌匀，腌渍10分钟。
4 再撒上生粉，裹匀肉片，放入盘中备用。
5 锅中倒入适量食用油烧热，放入腌好的肉片，炸2分钟至熟，捞出，沥干油。
6 用油起锅，放入葱花、蒜末，爆香。
7 倒入调好的酱汁，煮至沸。
8 倒入适量水淀粉，快速翻炒均匀。
9 放入炸好的肉片。
10 翻炒均匀，使肉片均匀地裹上汤汁，盛出装盘即可。

**烹饪妙招**

猪肉片在裹生粉时，生粉不要放太多，以免影响口感。

# 豆腐皮卷京酱肉丝

烹饪：4分钟　难易度：★☆☆

## 原料

黄瓜80克，肉丝90克，豆腐皮150克，葱白60克，香菜段40克，甜面酱30克

## 调料

盐1克，鸡粉、白糖各2克，料酒3毫升，水淀粉5毫升，食用油适量

## 做法

1 洗净的黄瓜斜刀切丝，洗好的葱白切丝。
2 洗净的豆腐皮切成方块状。
3 肉丝中加入盐、料酒、1克鸡粉，放入水淀粉，拌匀，腌渍10分钟至入味。
4 用油起锅，倒入腌好的肉丝，翻炒约1分钟至转色。
5 倒入甜面酱，注入少许清水，搅匀。
6 加入1克鸡粉，放入白糖搅匀，稍煮至入味。
7 关火后盛出京酱肉丝，装碗待用。
8 在切好的豆腐皮一端放上黄瓜丝、葱白丝、京酱肉丝、洗净的香菜段。
9 卷起豆腐皮，制成豆腐皮卷。
10 将豆腐皮卷装盘即可。

**烹饪妙招**
肉丝腌渍时已放过鸡粉，炒的时候可不放。

烹饪妙招

木耳要洗净，去除杂质和沙粒。

# 鱼香肉丝

烹饪：8分钟　难易度：★☆☆

## 原 料

猪里脊肉200克，木耳24克，竹笋100克，红萝卜120克，小葱35克，大蒜30克，生姜30克

## 调 料

鸡粉5克，糖、盐、淀粉各10克，生抽、陈醋、料酒、蛋清各10毫升，豆瓣酱30克，老抽、辣椒油少许，食用油适量

## 做 法

1 猪肉切丝，加入盐、生粉、料酒、蛋清、食用油拌匀。
2 胡萝卜、木耳、竹笋切成丝。
3 竹笋丝在沸水中焯煮5分钟。
4 沸水中，放入盐，食用油，倒入胡萝卜丝、木耳丝焯煮至断生，捞出放入凉水中。
5 锅中注油烧至四成热，倒入肉丝，油炸至白色，盛出。
6 热锅注油，放入姜末、蒜末、豆瓣酱炒香。
7 倒入肉丝，放入白糖、生抽、老抽炒匀入味。
8 放入竹笋丝、胡萝卜丝、木耳丝，加入适量盐炒匀。
9 淀粉中倒入清水，加入辣椒油、陈醋调汁勾芡。
10 盛出，撒葱段、香菜即可。

# 甜椒韭菜花炒肉丝

烹饪：2分30秒　难易度：★☆☆

**原料** 韭菜花100克，猪里脊肉140克，彩椒35克，姜片、葱段、蒜末各少许

**调料** 盐2克，鸡粉少许，生抽3毫升，料酒5毫升，水淀粉、食用油各适量

**做法**

1 里脊肉切细丝，放入碗中，加盐、料酒。
2 加鸡粉、水淀粉、食用油腌渍10分钟。
3 用油起锅倒入肉丝，撒上姜片、葱段、蒜末，淋入料酒，倒入韭菜段、彩椒丝。
4 加盐、鸡粉、生抽、水淀粉，翻炒均匀。

**烹饪妙招**
肉丝不宜切太细，以免损失口感。

# 黄豆芽木耳炒肉

烹饪：2分钟　难易度：★☆☆

**原料** 黄豆芽100克，猪瘦肉200克，水发木耳40克，蒜末、葱段各少许

**调料** 盐4克，鸡粉2克，水淀粉8毫升，料酒10毫升，蚝油8克

**做法**

1 猪瘦肉切片，加盐、鸡粉、水淀粉腌渍。
2 木耳、黄豆芽汆煮断生后捞出，沥干。
3 油锅倒入肉片炒至变色，放入蒜末、葱段，倒入木耳和黄豆芽，淋料酒，炒匀。
4 加盐、鸡粉、蚝油、水淀粉，炒匀即可。

**烹饪妙招**
豆芽可先用清水泡1小时再洗。

好吃又营养

苋菜具有促进凝血、增加血红蛋白含量、提高携氧能力、促进造血等功能。也可以促进排毒，防便秘。

# 腊肉炒苋菜

烹饪：30分钟　难易度：★☆☆

## 原料

苋菜250克，腊肉100克

## 调料

盐3克，鸡精1克，料酒3毫升，食用油适量

## 做法

1 腊肉洗净。
2 加料酒蒸30分钟。
3 放凉切片。
4 苋菜去除根、老叶。
5 将苋菜洗净。
6 洗净后的苋菜切成长段。
7 炒锅注入食用油烧热，放入苋菜段。
8 加入盐、鸡精，煸炒至入味。
9 放入腊肉片煸炒至熟。
10 盛出装盘即可。

**烹饪妙招**

炒苋菜时会出很多水，所以在炒制过程中不用加水。

烹饪妙招

豆瓣酱要炒出红油，否则影响外观和口感。

# 水煮肉片

烹饪：5分钟　难易度：★★☆

## 原料

瘦肉210克，生菜150克，珠子椒20克，生姜、大蒜各15克，葱20克，干辣椒15克，花椒5克，鸡蛋1个

## 调料

盐3克，料酒15毫升，生粉10克，豆瓣酱25克，鸡粉5克，鸡汤20毫升，辣椒油10毫升，食用油适量

## 做法

1 干辣椒切段，大蒜切成蒜末，姜切成姜末，待用。
2 豆瓣酱切碎。
3 瘦肉切成薄片，放入碗中，撒入盐、料酒、生粉。
4 鸡蛋打入肉中搅匀腌渍入味。
5 油锅放入蒜末爆香，放入生菜，加盐炒匀，捞出。
6 热锅注油烧热，放入蒜末、姜末、豆瓣酱、盐炒香，注入适量鸡汤调味，再注入适量清水烧开。
7 煮好的汤汁过滤除渣。
8 汤汁倒入，放入鸡粉搅拌。
9 放入肉片滑油，煮3分钟捞出。
10 撒入花椒、干辣椒、蒜末、葱末，烧油浇至食材上，放珠子椒，淋上辣椒油即可。

烹饪妙招

蒸食材可以稍久一些，这样扣肉的口感更佳。

# 芋头扣肉

烹饪：120分钟 难易度：★★★

## 原料

芋头250克，熟五花肉250克，八角10克，腐乳汁30毫升，蜂蜜10克，葱花、姜片、葱段各少许

## 调料

料酒5毫升，生抽5毫升，老抽3毫升，五香粉3克，盐2克，食用油适量

## 做法

1 芋头修整齐，切成厚片。
2 五花肉内淋上蜂蜜，拌匀。
3 锅中注入适量食用油，烧至七成热，倒入五花肉。
4 盖上盖，炸至五花肉转色后捞出，放入凉水内。
5 五花肉捞出，切成厚片。
6 五花肉装入碗中，再倒入芋头片、八角、姜片、葱段。
7 放入腐乳汁、盐、料酒、生抽、老抽、五香粉，拌匀，腌渍20分钟。
8 将芋头和五花肉依次交叉摆放在碗中，待用。
9 电蒸锅注水烧开，将食材放入，盖上盖，蒸2小时。
10 掀开盖，将食材取出，倒扣入盘中，撒上葱花即可。

# 红烧排骨

烹饪：25分钟　难易度：★☆☆

## 原料

排骨300克，八角3颗，冰糖50克，生姜少许

## 调料

盐3克，水淀粉5毫升，生抽、料酒各5毫升，食用油适量

## 做法

1 洗净的生姜切片。
2 排骨用水冲洗，斩成段。
3 热锅注清水烧开，倒排骨段，汆煮3分钟，去除血水，汆煮好后用凉水洗净，沥干待用。
4 锅烧热，倒入适量食用油与少许清水，放入冰糖。
5 将冰糖炒至溶化，颜色变成棕红色，倒入适量清水，煮至沸腾后盛出待用。
6 热锅注油烧热，倒入生姜片、八角爆香。
7 倒入排骨，加入料酒、生抽，炒匀上色。
8 加糖水、适量清水，煮至沸腾，加盐，拌匀。
9 加盖，大火煮开，转小火焖20分钟。
10 揭盖，用水淀粉勾芡，待收汁后盛盘即可。

**烹饪妙招**

汆煮排骨时加少许白酒，可除腥，并让排骨更加鲜嫩。

烹饪妙招

倒入排骨后，要不停翻炒以免煳锅。

# 糖醋排骨

烹饪：3分钟　难易度：★☆☆

## 原 料

排骨350克，鸡蛋2个，面粉50克

## 调 料

盐3克，白醋10毫升，白糖25克，生抽10毫升，老抽5毫升，水淀粉10毫升，食用油适量

## 做 法

1 排骨斩段，洗净后沥干水分。
2 鸡蛋打入碗中，搅散待用。
3 排骨加入盐、白糖、生抽、老抽充分拌匀，封上保鲜膜，腌渍10分钟至入味。
4 面粉中加入蛋液，倒入温开水，搅成面糊。
5 将排骨放入面糊中，裹匀。
6 热锅注油烧至五六成热，放入排骨。
7 小火炸1分钟后捞出，冷却后回锅炸至颜色呈焦黄色。
8 锅底留油，加入少许温开水、白糖、白醋、水淀粉，成汁。
9 倒入排骨炒匀。
10 将菜肴盛入备好的盘子中即可。

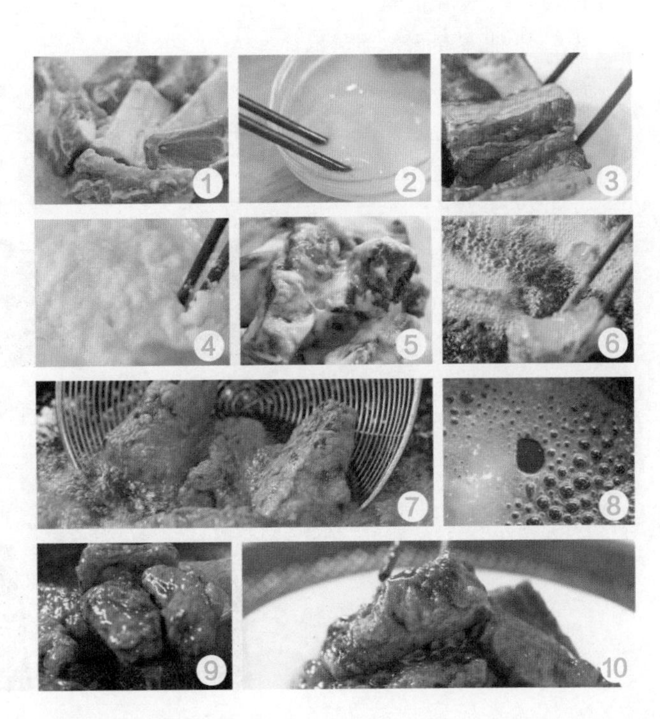

**烹饪妙招**

腌渍排骨时，可以用嫩肉粉代替淀粉，这样炸制出的排骨口感更嫩滑。

# 神仙骨

烹饪：25分钟 难易度：★★★

## 原 料

排骨550克，海米末50克，鸡蛋1个，面包糠、蒜末、花生、芹菜、辣椒粉、芝麻粉各适量

## 调 料

盐3克，糖1克，淀粉、芝麻油、食用油各适量

## 做 法

1 排骨切成块，洗净。
2 芹菜切末，花生搅碎。
3 排骨块加鸡蛋液、淀粉、盐，上浆。
4 炒锅注食用油烧热，下入排骨块炸至表皮酥脆，捞出沥油。
5 炒锅留油烧热，下入面包糠、蒜末，炒至金黄色。
6 放入排骨块、海米末。
7 加入辣椒粉、花生碎。
8 加入芹菜末。
9 加入芝麻粉。
10 淋入芝麻油，翻炒匀，起锅装盘即可。

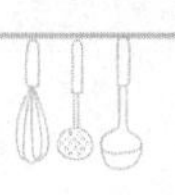

烹饪妙招

炒制五花肉时，没加入液体调料前，宜小火炒，以免把肉炒焦影响口感。

# 醪糟红烧肉

烹饪：65分钟 难易度：★★☆

## 原 料

带皮五花肉750克，鲜汤1000毫升，醪糟汁75毫升，冰糖75克，花椒、葱、姜各适量

## 调 料

盐3克，食用油、酱油各适量

## 做 法

1 锅中添入清50毫升清水，放入冰糖炒至变成红色。
2 加适量水制成糖色汁捞出。
3 带皮五花肉洗净，切成长片。
4 葱切段，姜切末。
5 炒锅注食用油烧热，放入带皮五花肉片，炒至刚吐油。
6 加葱段、姜末煸炒。
7 添入鲜汤，烧沸后去浮沫。
8 再加盐、花椒。
9 烹入酱油、糖色汁、醪糟汁。
10 用小火慢烧1小时，至色红、汁浓时，装盘即可。

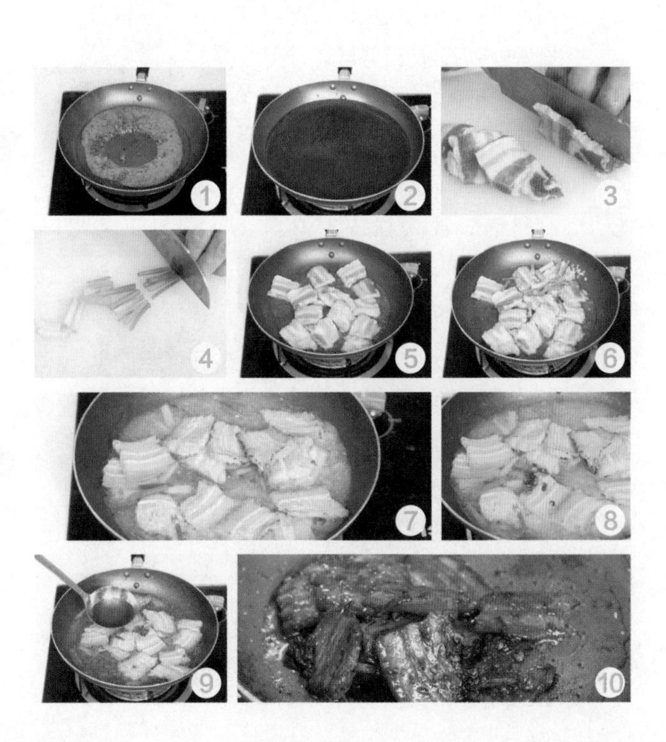

汆烫完的五花肉可以过一遍冰水收紧肉质，口感会更好。

# 东坡肉烧冬笋

烹饪：95分钟 难易度：★★☆

## 原料

五花肉255克，去皮冬笋100克，黄酒50毫升，葱段20克，姜片、桂皮、八角各少许

## 调料

盐、鸡粉各1克，白糖2克，生抽5毫升，老抽3毫升，水淀粉5毫升，食用油适量

## 做法

1 冬笋切片，五花肉切块。
2 沸水锅中倒入五花肉块，汆烫至去除脏污后，捞出待用。
3 锅中继续倒入切好的冬笋，汆烫约1分钟至断生。
4 捞出冬笋，沥干水分，待用。
5 用油起锅，放入桂皮、八角、姜片、葱段爆香，倒入五花肉翻炒，加入生抽、黄酒，翻炒均匀。
6 注水至即要没过五花肉，加入老抽，搅匀。
7 加盖，用大火煮开后转小火焖30分钟至五花肉微软。
8 加盐、白糖，续焖30分钟。
9 放入冬笋，焖30分钟。
10 揭盖，加入鸡粉、水淀粉，炒匀至收汁即可。

# 香辣蹄花

烹饪：62分钟　难易度：★★☆

**原料** 猪蹄块270克，西芹75克，红小米椒20克，枸杞适量，姜片、葱段各少许

**调料** 盐3克，鸡粉少许，料酒3毫升，生抽4毫升，芝麻油、花椒油、辣椒油各适量

### 做法

1 西芹段焯煮至断生，猪蹄块汆煮。
2 取小碗，倒入红小米椒，加盐、生抽、鸡粉、芝麻油、花椒油、辣椒油制成味汁。
3 猪蹄块加姜片、葱段、枸杞煮60分钟。
4 猪蹄块捞出，撒上西芹段，浇上味汁。

**烹饪妙招**
味汁调好后低温保存，以免变酸。

# 黄豆焖猪蹄

烹饪：63分钟　难易度：★★☆

**原料** 猪蹄块400克，水发黄豆230克，八角、桂皮、香叶、姜片各少许

**调料** 盐、鸡粉各2克，生抽6毫升，老抽3毫升，料酒、水淀粉、食用油各适量

### 做法

1 油锅爆香姜片，倒入汆煮好的猪蹄炒匀，加入老抽、八角、桂皮、香叶炒出香味。
2 注水至没过食材拌匀，中火焖约20分钟。
3 倒入黄豆，加盐、鸡粉，淋入生抽拌匀。
4 小火煮40分钟，倒入水淀粉，收汁即可。

**烹饪妙招**
猪蹄汆水后过一下冷水更好。

# 凉拌牛百叶

烹饪：2分30秒　难易度：★☆☆

## 原料

牛百叶350克，胡萝卜75克，花生碎55克，荷兰豆50克，蒜末20克

## 调料

盐、鸡粉各2克，白糖4克，生抽4毫升，芝麻油、食用油各少许

## 做法

1 洗净去皮的胡萝卜切成细丝，洗净的荷兰豆切成细丝，洗好的牛百叶切片。
2 锅中注入适量清水烧开，倒入牛百叶，拌匀，煮约1分钟，捞出，沥干水分。
3 沸水锅中加入适量食用油，倒入胡萝卜与荷兰豆，拌匀，略煮一会儿。
4 焯至断生，捞出材料，沥干水分，备用。
5 取一盘，盛入部分胡萝卜、荷兰豆垫底待用。
6 取碗，倒入牛百叶及余下的胡萝卜、荷兰豆。
7 加入盐、白糖、鸡粉，撒上蒜末。
8 淋入少许生抽、芝麻油，拌匀。
9 加入花生碎，拌匀至其入味。
10 将拌好的材料盛入盘中，摆好即可。

**烹饪妙招**

牛百叶要确保煮熟软，以免影响口感。

# 凉拌牛肉紫苏叶

烹饪：92分钟 难易度：★☆☆

## 原料

牛肉100克，紫苏叶5克，蒜瓣10克，大葱20克，胡萝卜250克，姜片适量

## 调料

盐4克，白酒10毫升，生抽8毫升，鸡粉2克，芝麻酱4克，香醋3毫升

## 做法

1 砂锅中注入适量清水烧热，倒入蒜瓣、姜片、牛肉，淋入少许白酒，加入少许盐、生抽，搅匀调味。
2 盖上锅盖，用中火煮90分钟至其熟软。
3 揭开锅盖，将牛肉捞出，放凉备用。
4 洗净去皮的胡萝卜切成片，再切成细丝。
5 将放凉的牛肉切片，再切成丝。
6 洗好的大葱切成丝，放入凉水中，备用。
7 洗好的紫苏叶切去梗，再切丝，待用。
8 取一个碗，放入牛肉丝、胡萝卜丝、大葱丝。
9 再放入紫苏叶，加入少许盐、生抽、鸡粉。
10 加入少许香醋，搅拌匀，放入少许芝麻酱，搅拌匀，将拌好的食材装入盘中即可。

**烹饪妙招**

牛肉丝可以切得细一点，这样会更易入味。

烹饪妙招

炸牛肉的火候不可太大，油温要控制稳定，酱油不可滴入太多。

# 麻辣牛肉条

烹饪：20分钟　难易度：★★☆

原 料

牛肉500克

调 料

盐2克，红糖3克，酱油5毫升，辣椒粉、花椒粉、食用油各适量

做 法

1 牛肉洗净，切成条。
2 锅里放油烧至五成热。
3 将牛肉下热油锅中炸熟，捞出沥油。
4 锅中添入适量水，放入红糖炒成浆。
5 加入酱油。
6 加入盐。
7 加入辣椒粉，略炒。
8 加入花椒粉，略炒。
9 放入牛肉条，炒匀。
10 加入水淀粉上浆，炒匀盛出即可。

# 炖牛腩

烹饪：1小时　难易度：★★☆

**原 料** 牛腩350克，姜片7克，八角2个，花椒粒7克，葱段4克，大酱15克，山楂6克

**调 料** 鸡粉、白胡椒粉各3克，食用油适量

**做 法**

1 锅中倒入牛腩块汆煮至转色，捞出待用。
2 砂锅爆香八角、花椒粒、姜片、葱段。
3 倒入大酱、牛肉、料酒、生抽炒匀，注入400毫升的清水，倒入山楂，加盐煮沸。
4 焖煮1小时，加鸡粉、胡椒粉拌匀入味。

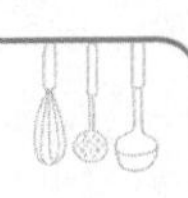

**烹饪妙招**
牛腩汆水时加料酒可去异味。

# 五香卤牛肉

烹饪：100分钟　难易度：★★☆

**原 料** 牛腱300克，桂皮、八角各10克，茴香、陈皮各5克，香叶3片，草果2个，花椒粒、干辣椒、姜片、香葱各适量

**调 料** 料酒10毫升，酱油6毫升，盐6克，油适量

**做 法**

1 牛腱倒入沸水锅汆煮至转色后，捞出。
2 锅注油，加姜片、八角、茴香、桂皮、陈皮、花椒粒、香叶、草果。
3 注水，倒入牛腱、干辣椒、香葱、料酒、生抽、老抽，撒盐拌匀，焖1.5小时。
4 牛腱切厚片，摆好，浇上卤汁即可。

**烹饪妙招**
汆煮牛腱时可加适量料酒。

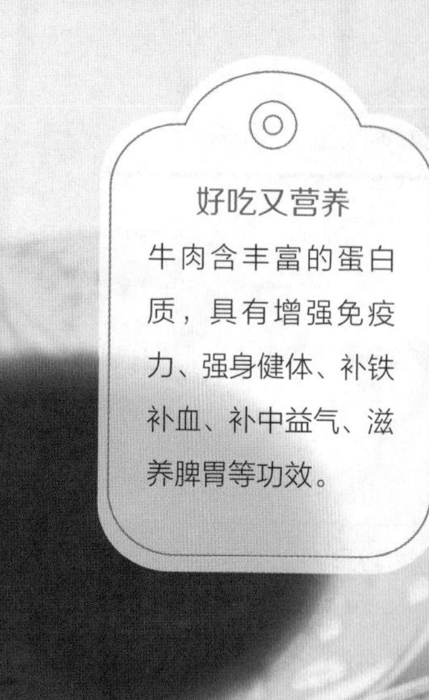
好吃又营养
牛肉含丰富的蛋白质，具有增强免疫力、强身健体、补铁补血、补中益气、滋养脾胃等功效。

# 家常酱牛肉

烹饪：42分钟　难易度：★★☆

## 原料

牛肉300克，姜片15克，葱结20克，桂皮、丁香、八角、红曲米、甘草、陈皮各少许

## 调料

盐2克，鸡粉2克，白糖5克，生抽6毫升，老抽4毫升，五香粉3克，料酒5毫升，食用油适量

## 做法

1 锅中注入适量清水，放入牛肉，淋入料酒，用中火煮约10分钟。
2 捞出汆煮好的牛肉，待用。
3 用油起锅，放入洗净的姜片、葱结、桂皮、丁香、八角、陈皮、甘草，爆香。
4 加入白糖，炒匀，注入适量清水，拌匀。
5 倒入红曲米，加适量盐、生抽、鸡粉、五香粉、老抽，拌匀。
6 放入汆过水的牛肉，拌匀。
7 盖上盖，烧开后转小火煮约40分钟至熟。
8 揭盖，捞出牛肉，沥干汁水，待用。
9 把放凉的牛肉切薄片。
10 将切好的牛肉摆盘，浇上锅中的汤汁即可。

**烹饪妙招**

汆煮好的牛肉用冷水浸泡，让牛肉更紧缩，口感更佳。

# 麦仁小牛肉

烹饪：25分钟　难易度：★★★

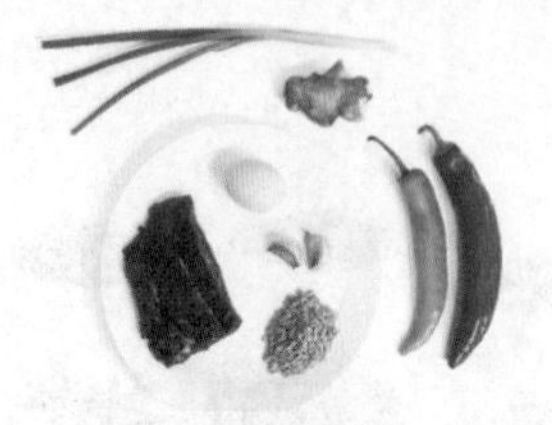

## 原料

小麦仁200克，牛肉100克，鸡蛋、青椒、红椒、葱、姜各适量

## 调料

盐3克，糖2克，淀粉、辣酱、酱油、食用油适量

## 做法

1 牛肉洗净，切粒。
2 牛肉粒加酱油、糖、鸡蛋液、淀粉上浆。
3 炒锅注食用油烧至七成熟，下入牛肉粒滑熟，捞出沥油。
4 青椒、红椒切粒。
5 葱、姜切片。
6 小麦仁下入开水锅中焯过，捞出沥干。
7 炒锅注食用油烧热，下入葱片、姜片、辣酱煸香。
8 添入适量水。
9 撒入盐。
10 放入青椒粒、红椒粒、牛肉粒、小麦仁粒，翻炒片刻出锅即可。

**烹饪妙招**

牛肉上浆后再烹饪会更鲜嫩好吃。

**烹饪妙招**

牛肉片要切得厚薄均匀。

# 自贡水煮牛肉

烹饪：10分钟 难易度：★★☆

## 原 料

牛里脊300克，黄豆芽150克，平菇150克，鸡蛋清30克，干辣椒6克，花椒3克，草果10克，香叶1克，大葱60克，姜50克，蒜42克，葱65克，桂皮6克

## 调 料

料酒1毫升，生抽3毫升，淀粉适量，白糖3克，白醋3毫升，郫县豆瓣酱42克，食用油适量

## 做 法

1. 牛肉切薄片；细葱切葱花；蒜部分剁蒜末，部分切片。
2. 姜部分切片，部分切丁；大葱切段；平菇撕小瓣。
3. 牛肉中加入鸡蛋清、生粉、料酒、生抽，腌渍15分钟。
4. 热锅注油烧热，放入干辣椒、花椒，炒香捞出。
5. 炒过的干辣椒、花椒切碎。
6. 桂皮、草果、香叶炒香，再放入姜片、蒜片、大葱段炒香。
7. 将豆瓣酱倒入锅中炒出红油，再注200毫升清水烧开。
8. 放豆芽、平菇略炒后夹起。
9. 锅中加白醋、盐、牛肉略煮。
10. 牛肉浇在豆芽和平菇碗中，铺入蒜末、花椒碎、干辣椒碎、葱花，热油浇在食材上即可。

**烹饪妙招**

牛肉先用冷水浸泡2小时再烹饪能去除腥味。

# 清真红烧牛肉

烹饪：64分钟　难易度：★★☆

## 原料

牛肉500克，胡萝卜50克，洋葱50克，青椒40克，草果5克，干山楂片5克，番茄酱10克，豆瓣酱10克，姜片5克，葱段5克，八角少许，香叶少许

## 调料

鸡粉3克，白糖3克，水淀粉4毫升，盐2克，料酒7毫升，生抽5毫升，食用油适量

## 做法

1 牛肉切条，再切丁。
2 洗净的洋葱切成小块，青椒切成小块，胡萝卜切成片。
3 锅中注水烧开，倒入牛肉，汆煮至转色捞出，沥干水分。
4 热锅注油烧热，放入八角、香叶、草果、葱段、姜片爆香。
5 倒入牛肉块翻炒片刻，加入豆瓣酱、番茄酱翻炒均匀。
6 淋入料酒炒匀，加入生抽，注入适量清水，倒入山楂片，加入盐快速炒匀。
7 盖上锅盖，煮开后转小火焖制1小时。
8 加洋葱、胡萝卜、青椒炒匀。
9 放白糖、鸡粉，翻炒调味。
10 淋入水淀粉，快速翻炒收汁。

烹饪妙招

切牛腩时应横切，将长纤维切断。

# 西红柿炖牛腩

烹饪：60分钟 难易度：★★★

## 原料

牛腩185克，土豆190克，西红柿240克，洋葱30克，姜片5克，花椒3克，八角2克，香菜3克，番茄酱20克

## 调料

盐3克，鸡粉3克，生抽3毫升，料酒、食用油各适量

## 做法

1 土豆切滚刀块。
2 洋葱切块。
3 洗净的牛腩切成小块。
4 牛腩在沸水中焯水2分钟至断生后捞起，放入清水反复冲洗多余油脂。
5 西红柿划十字花刀，放入热水锅中，煮30秒后煮取出。
6 沿着切口撕去西红柿皮后切成小块，待用。
7 热锅注油烧热，倒入八角、花椒、姜片，爆香。
8 倒入牛腩，淋入料酒、生抽，注入适量清水，盖上锅盖，小火慢炖40分钟。
9 倒入土豆，续炖10分钟至熟。
10 倒入西红柿、洋葱，盖上盖，续炖5分钟至熟透。
11 加番茄酱、盐、鸡粉搅匀。
12 牛腩盛出装盘，放上香菜。

**烹饪妙招**

汆煮羊肉时可以淋点儿料酒，口感会更鲜嫩。

# 葱爆羊肉卷

烹饪：2分钟 难易度：★★★

## 原料

羊肉卷200克，大葱70克，香菜30克

## 调料

料酒6毫升，生抽8毫升，盐4克，水淀粉3毫升，蚝油4克，鸡粉2克，食用油、胡椒粉各适量

## 做法

1 洗净的羊肉卷切成条，洗净的大葱滚刀切小块。
2 取一个碗，倒入羊肉，淋入料酒、适量生抽，放入胡椒粉、适量盐、水淀粉，搅拌匀，腌渍10分钟。
3 锅中注水，大火烧开。
4 倒入腌好的羊肉，汆去杂质。
5 将羊肉捞出，沥干，待用。
6 用油起锅，倒入大葱、羊肉，翻炒出香味。
7 放入蚝油、生抽翻炒均匀。
8 再加入盐、鸡粉，快速翻炒至入味。
9 再倒入香菜，翻炒片刻至熟。
10 关火后将炒好的菜肴盛出装入盘中即可。

# 花生炖羊肉

烹饪：38分钟　难易度：★★☆

原料 羊肉400克，花生仁150克，葱段、姜片各少许

调料 生抽、料酒、水淀粉各10毫升，盐、鸡粉、白胡椒粉各3克，食用油适量

## 做法

1. 羊肉块汆煮至转色后捞出，待用。
2. 热锅注油烧热，放入姜片、葱段，爆香，放入羊肉，炒香，加入料酒、生抽。
3. 注水，放花生仁、盐煮开后炖30分钟。
4. 加鸡粉、白胡椒粉、水淀粉拌匀，装盘。

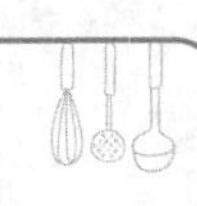

**烹饪妙招**

食用时淋点芝麻油更鲜美。

# 山楂马蹄炒羊肉

烹饪：1分30秒　难易度：★★☆

原料 羊肉100克，山楂80克，马蹄肉70克，姜片、蒜末、葱段各少许

调料 盐3克，鸡粉、白糖各少许，料酒6毫升，生抽7毫升，水淀粉、食用油各适量

## 做法

1. 山楂切末，马蹄切片，羊肉切片。
2. 羊肉加盐、鸡粉、料酒、水淀粉腌10分钟。
3. 山楂煮10分钟，羊肉滑油至变色，捞出。
4. 爆香姜片、蒜末、葱段，加马蹄、羊肉片，加盐、鸡粉、生抽、山楂末炒匀即成。

**烹饪妙招**

羊肉腌渍时可用白酒去除腥味。

# 红酒西红柿烩羊肉

烹饪：13分钟 难易度：★★☆

## 原料

洋葱90克，红酒300毫升，姜块25克，蒜薹35克，西红柿130克，羊元宝肉450克

## 调料

盐4克，黑胡椒4克，料酒3毫升，生抽3毫升，水淀粉、食用油各适量

## 做法

1 羊肉切块，西红柿切块，洗净的洋葱切块。
2 洗净的蒜薹切成丁，姜切成片。
3 热锅注水煮沸，放入羊肉，煮2分钟至变熟，捞起。
4 将羊肉放入盘中，用凉水洗净。
5 热锅注油烧热，放入姜片爆香。
6 放入羊肉炒香，倒入料酒、生抽，炒匀，注入红酒，盖上锅盖，焖煮8分钟。
7 揭开锅盖，放入盐、黑胡椒，翻炒均匀。
8 放入洋葱、西红柿炒匀，再注入适量清水，炖煮一会。
9 注入水淀粉勾芡，再放入蒜苔，炒熟。
10 关火，将炒好的菜肴盛入备好的盘中即可。

**烹饪妙招**

红酒不宜放入太多，以免影响口感。

# 韭菜炒羊肝

烹饪：1分30秒 难易度：★★☆

## 原料

韭菜120克，姜片20克，羊肝250克，红椒45克

## 调料

盐3克，鸡粉3克，生粉5克，料酒16毫升，生抽4毫升

## 做法

1 洗好的韭菜切成段，洗净的红椒切成条，处理干净的羊肝切成片，备用。
2 羊肝装入碗中，放入姜片、料酒，加盐、鸡粉、生粉搅拌均匀，腌渍10分钟至入味。
3 锅中注入适量清水烧开，放入腌好的羊肝，搅匀，煮至沸，汆去血水。
4 捞出汆煮好的羊肝，沥干水分，备用。
5 用油起锅，倒入汆过水的羊肝，略炒。
6 淋入适量料酒，加入适量生抽，翻炒均匀。
7 倒入切好的韭菜、红椒。
8 加入少许盐、鸡粉。
9 快速翻炒匀，至食材熟透。
10 盛出炒好的菜肴，装入盘中即可。

**烹饪妙招**

羊肝汆水时可以放入少许白醋，以去除膻味。

**烹饪妙招**

汆煮羊肚时放点料酒、姜片可更好地去膻。

# 孜然羊肚

烹饪：1分钟 难易度：★★☆

## 原 料

熟羊肚200克，青椒25克，红椒25克，姜片、蒜末、葱段各少许

## 调 料

孜然2克，盐2克，生抽5毫升，料酒10毫升，食用油适量

## 做 法

1 将羊肚切成条状，红椒切成粒，洗净的青椒切成粒。
2 锅中注入适量清水烧开。
3 倒入羊肚，煮半分钟，汆去杂质。
4 将煮好的羊肚捞出，沥干水分，待用。
5 用油起锅，倒入姜片、蒜末、葱段，爆香。
6 放入青椒、红椒，快速翻炒均匀。
7 倒入羊肚，翻炒片刻。
8 淋入料酒，炒匀。
9 放入少许盐、生抽，翻炒匀，加入少许孜然粒，翻炒出香味。
10 盛出炒好的羊肚，装入盘中即可。

烹饪妙招

可把猪肝里面的血管剔除，洗净血污，这样会减少异味。

# 麻辣猪肝

烹饪：20分钟 难易度：★★☆

## 原料

猪肝200克，炸花生米75克，花椒、干辣椒、葱、姜、蒜各适量

## 调料

盐2克，糖1克，料酒3毫升，酱油5毫升，淀粉、醋、食用油各适量

## 做法

1 将猪肝洗净，加入盐、料酒。
2 加入淀粉略腌。
3 将腌好的猪肝切成片。
4 葱、姜、蒜分别切成片。
5 干辣椒切节。
6 将糖、淀粉、料酒、酱油和水调成味汁。
7 炒锅注油烧热，放入干辣椒节、花椒炸至黑紫色。
8 放入猪肝片炒透。
9 加葱片、姜片、蒜片炒香。
10 倒入味汁、醋烧开，加入炸花生米，略炒即成。

好吃又营养

猪血具有解毒清肠、补血美容的功效，适合贫血而面色苍白者食用，一周建议食用不超过2次。

# 毛血旺

烹饪：9分钟　难易度：★★☆

## 原料

猪血450克，牛肚500克，鳝鱼100克，黄花菜、水发木耳各70克，莴笋50克，香肠、豆芽各45克，红椒末、姜片各30克，干辣椒段20克，葱段、花椒各少许

## 调料

高汤、料酒、豆瓣酱、盐、味精、白糖、辣椒油、花椒油、食用油各适量

## 做法

1. 莴笋、香肠切片，牛肚、鸭血切小块，鳝鱼切小段。
2. 锅中注水烧热，倒入鳝鱼、料酒，汆去血渍，捞出。
3. 倒入牛肚、猪血煮熟，捞出。
4. 炒锅注油烧热，倒入红椒末、姜片、葱白，煸炒香，放入豆瓣酱，拌炒匀。
5. 注高汤，盖盖焖煮5分钟。
6. 揭开盖，加盐、味精、白糖，淋入少许料酒，倒入黄花菜、木耳、豆芽。
7. 再放入香肠、莴笋，拌匀；盖上盖，煮至材料熟透后调小火，将材料捞出备用。
8. 牛肚、鳝鱼、鸭血放入锅中煮至熟透，盛入同一碗中。
9. 起锅烧热，倒入辣椒油、花椒油、干辣椒段、花椒煸炒。
10. 起锅倒在碗中，撒上葱叶，浇上少许热油即可食用。

**烹饪妙招**

牛肚可待锅中水煮沸后再下锅，就能保持脆嫩口感。

# 肉末尖椒烩猪血

烹饪：6分钟 难易度：★☆☆

## 原料

猪血300克，青椒30克，红椒25克，肉末100克，姜片、葱花各少许

## 调料

盐2克，鸡粉3克，白糖4克，生抽、陈醋、水淀粉、胡椒粉、食用油各适量

## 做法

1 将洗净的红椒切成圈状。
2 洗好的青椒切块。
3 将处理好的猪血横刀切开，切成粗条。
4 锅中注水烧开，倒入猪血，加入盐汆煮片刻。
5 将汆煮好的猪血捞出，装入碗中备用。
6 用油起锅，倒入肉末，炒至转色，加入姜片，倒入少许清水。
7 放入青椒、红椒、猪血。
8 加入盐、生抽、陈醋、鸡粉、白糖拌匀，炖3分钟至熟。
9 撒上胡椒粉拌匀，炖约1分钟，倒水淀粉拌匀。
10 关火，将炖好的菜肴盛出装入盘中，撒上葱花即可。

**烹饪妙招**

汆煮猪血时加入盐或料酒可以去除异味。

**烹饪妙招**

食用前可放入冰箱中冷藏片刻，口感会更好。

# 白斩鸡

⏱烹饪：25分钟 难易度：★★☆

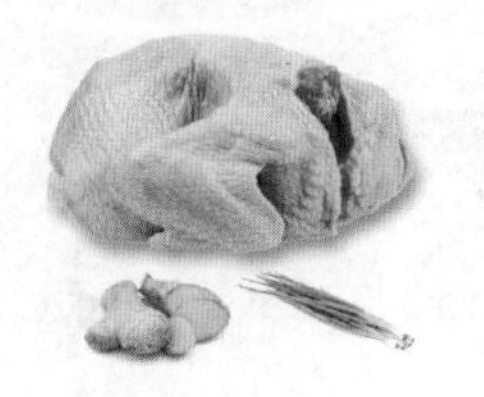

### 原 料

三黄鸡半只（700克），葱花、姜末各适量

### 调 料

生抽、食用油各适量

### 做 法

1 锅中注水，大火烧开。
2 将处理干净的三黄鸡放入，搅拌片刻。
3 煮开后转小火焖5分钟。
4 关火，继续用锅里的开水焖15分钟。
5 揭开锅盖，将三黄鸡捞出，放入冷水中浸泡至凉。
6 将放凉的鸡捞出，斩开鸡翅、鸡腿，再逐一斩成小块。
7 取小碗，倒入姜末、葱花。
8 热锅倒入适量食用油，烧至八成热。
9 将烧好的热油倒入姜葱中，再淋入生抽，拌匀，制成调味料。
10 将调味料浇在鸡肉上即可。

# 川香辣子鸡

烹饪：12分钟 难易度：★★☆

## 原料

鸡腿肉300克，干辣椒200克，花椒5克，白芝麻5克，葱段少许，姜片少许

## 调料

盐3克，鸡粉4克，料酒4毫升，生抽5毫升，食用油适量

## 做法

1. 洗净的鸡腿肉中加入适量盐、鸡粉，淋入料酒、生抽，拌匀，腌渍10分钟。
2. 锅中注入适量食用油，烧至六成热。
3. 将鸡腿肉放入，搅拌，炸至转色。
4. 将鸡腿肉捞出，沥去油分。
5. 转大火将油加热至八成热，再放入鸡腿肉，炸至酥脆。
6. 将鸡腿肉捞出，沥干油分，装入盘中，待用。
7. 热锅注油烧热，倒入花椒、葱段、姜片、干辣椒、白芝麻，炒香。
8. 放入炸好的鸡腿肉，快速翻炒片刻。
9. 加入盐、鸡粉，翻炒调味。
10. 关火后将炒好的菜肴盛出装入盘中即可。

**烹饪妙招**

鸡块先用少许生粉腌渍一下再用油炸熟，肉质更嫩。

# 香辣宫保鸡丁

烹饪：4分钟 难易度：★★☆

## 原 料

鸡胸肉250克，花生米30克，干辣椒30克，黄瓜60克，生粉15克，葱段、姜片、蒜末各少许

## 调 料

盐3克，鸡粉4克，白糖3克，陈醋、水淀粉、生抽、料酒、白胡椒粉、辣椒油、食用油各适量

## 做 法

1 洗净的黄瓜对切成丁，鸡胸肉切丁。
2 将鸡丁装入碗中，放入盐、鸡粉、白胡椒粉。
3 淋入适量料酒，拌匀，加入生粉，搅拌均匀。
4 热锅注入适量食用油，烧至六成热。
5 放入鸡丁，搅拌，倒入黄瓜，将食材滑油后捞出，沥干油分，待用。
6 热锅注油烧热，爆香姜片、蒜末、干辣椒。
7 放入鸡丁和黄瓜，炒匀，淋入料酒、生抽，快速翻炒匀。
8 放入盐、鸡粉、白糖、陈醋，翻炒调味。
9 注入少许清水，炒匀，倒入水淀粉翻炒收汁。
10 倒入葱段、花生米，炒匀，淋入辣椒油，翻炒匀即可。

**烹饪妙招**

食材滑油时间不宜过长，以免口感变老。

**烹饪妙招**

加少许香油或红油，可以使菜肴味道更加鲜香。

# 小鸡炖蘑菇

烹饪：15分钟 难易度：★★☆

**原 料**

泡发红薯粉条120克，蘑菇100克，熟鸡肉400克，葱段20克，蒜片10克，红椒片、姜片各10克，八角、桂皮、干辣椒各适量，十三香少许

**调 料**

盐4克，水淀粉10毫升，蚝油、料酒、老抽、味精、鸡粉、白糖、食用油各适量

**做 法**

1 将熟鸡肉斩成块，将泡发洗好的红薯粉条切成段。
2 锅中加水烧开，倒入红薯粉条焯煮至变软后捞出装碗。
3 倒入蘑菇焯熟后捞出装碗。
4 热锅注油，倒入鸡块，滑油片刻捞出。
5 锅底留油，炒香干辣椒、八角、桂皮、姜片、蒜片。
6 放入焯好水的蘑菇，再倒入鸡肉，加料酒、老抽、蚝油拌匀。
7 加入粉条、盐、味精、白糖、鸡粉、十三香炒匀。
8 倒入红椒片，炖煮片刻。
9 加入少许水淀粉勾芡。
10 倒入葱段拌炒至熟透，盛出装碗即成。

烹饪妙招

可乐不可太多，否则太甜会影响口感。

# 可乐鸡翅

烹饪：8分钟 难易度：★☆☆

## 原 料

鸡翅300克，可乐600毫升，生姜20克，小葱20克

## 调 料

生抽8毫升，白糖1克，料酒7毫升，老抽2毫升

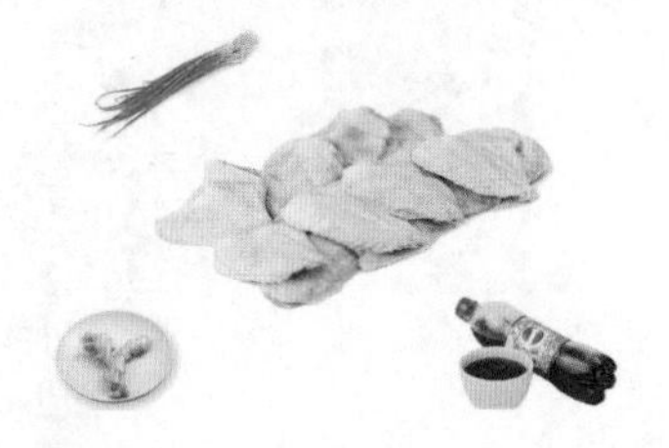

## 做 法

1. 小葱切等长段，生姜去皮后切片。
2. 沸水锅中倒入鸡中翅，汆煮至转色。
3. 将汆煮好的鸡中翅捞出放入碗中待用。
4. 另起锅，注油烧热，放上鸡中翅，翻面煎至外表微黄色。
5. 放入生姜片、葱段，爆香。
6. 倒入可乐，调小火煮开。
7. 加入盐、生抽、老抽，拌匀入味。
8. 加盖，大火煮开调小火炖20分钟。
9. 揭盖，加入水淀粉收汁。
10. 关火后，将炖好的食材盛入盘中即可。

好吃又营养

鸡肝具有维持正常生长和生殖机能的作用，能保护眼睛，防止眼睛干涩、疲劳，维持健康的肤色。

# 芝麻炸鸡肝

烹饪：30分钟 难易度：★★☆

## 原料

鸡肝150克，鸡蛋1个，莴笋50克，面粉、小番茄各适量

## 调料

盐2克，黑芝麻、花生油各适量

## 做法

1 鸡肝洗净。
2 放入加盐的水中浸泡。
3 鸡蛋打入碗中搅匀。
4 捞出鸡肝放入碗中，加面粉、鸡蛋液、盐上浆。
5 将小番茄洗净，切块。
6 莴笋切成菱形块。
7 炒锅注花生油烧至七成热，加入鸡肝炸至金黄色，捞出沥油。
8 莴笋放入开水锅中焯水，捞出备用。
9 用莴笋块、小番茄装饰入盘。
10 撒入黑芝麻即可。

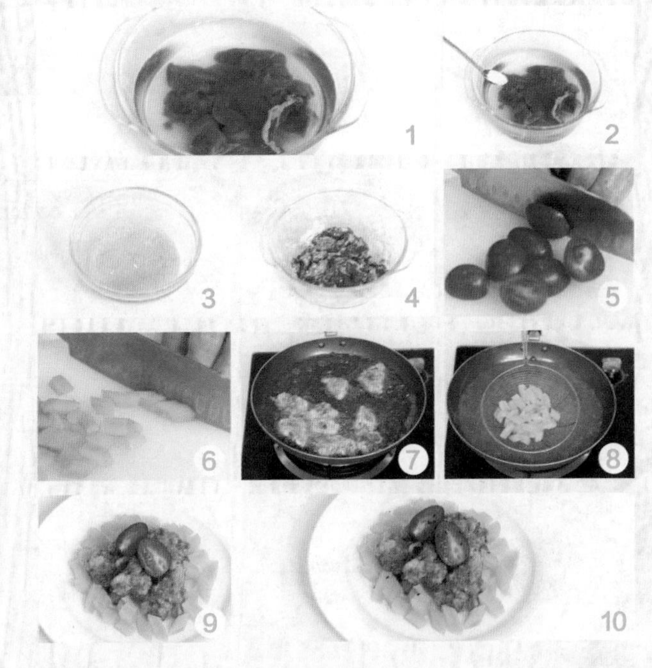

**烹饪妙招**
鸡肝烹饪前，要清洗干净，以免鸡肝的苦腥味影响整道菜肴的口感。

# 无骨泡椒凤爪

烹饪：3小时 难易度：★☆☆

## 原料

鸡爪230克，泡小米椒50克，泡椒水300毫升，朝天椒15克，姜片、葱结各适量

## 调料

料酒3毫升

## 做法

1 锅中注入适量清水烧开，倒入葱结、姜片，淋入料酒，放入洗净的鸡爪，拌匀。
2 盖上盖，用中火煮约10分钟，至鸡爪肉皮涨发。
3 揭盖，捞出鸡爪，装盘待用。
4 把放凉后的鸡爪割开，使其肉骨分离，剥取鸡爪肉，剁去爪尖，装入盘中，待用。
5 把泡小米椒、朝天椒放入泡椒水中。
6 放入处理好的鸡爪。
7 用手稍稍按压一下，使其浸入水中。
8 封上一层保鲜膜，静置约3小时，至其入味。
9 撕开保鲜膜，用筷子将鸡爪夹入盘中。
10 点缀上朝天椒与泡小米椒即可。

**烹饪妙招**

煮好的鸡爪可以过几次凉开水，这样吃起来更爽口。

烹饪妙招

洗魔芋前可将双手抹上白醋，待醋干了再洗。

# 魔芋烧鸭

烹饪：30分钟　难易度：★★☆

## 原料

鸭肉500克，魔芋300克，姜片17克，葱段15克，干辣椒段、蒜末、桂皮、花椒、八角各适量

## 调料

盐4克，味精2克，白糖、水淀粉、酱油、生抽、柱候酱、食用油各适量

## 做法

1 把洗净的鸭肉斩成小块。
2 魔芋切成小方块。
3 锅置火上，注入适量清水，加盐大火烧热，放入魔芋，焯烫至熟后捞出，沥干备用。
4 再倒入鸭肉，汆煮约2分钟后捞出，沥干水分备用。
5 油锅爆香蒜末、姜片、葱白。
6 再倒入干辣椒段、八角、桂皮、花椒，大火炒出香味。
7 放鸭肉、料酒、酱油、生抽。
8 再加盐、味精、白糖炒匀，放入柱候酱，注适量清水拌匀。
9 中火焖至鸭肉熟透，倒入魔芋，煮约3分钟至魔芋入味。
10 转大火收干汁水后倒入少许水淀粉勾芡，撒上葱叶炒匀，拣出桂皮、八角即成。

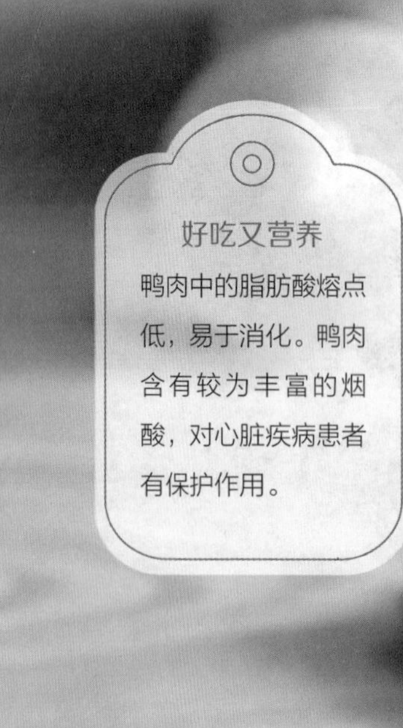
好吃又营养
鸭肉中的脂肪酸熔点低，易于消化。鸭肉含有较为丰富的烟酸，对心脏疾病患者有保护作用。

# 葱姜鸭

烹饪：25分钟　难易度：★☆☆

## 原料

鸭腿300克，姜、葱各适量

## 调料

盐2克，料酒4毫升，食用油适量

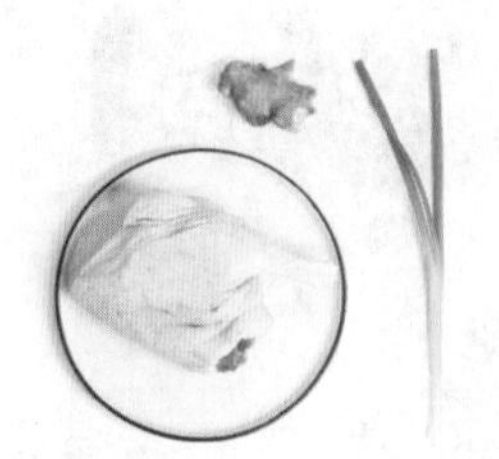

## 做法

1 鸭腿洗净，切成小块。
2 一半的姜切成片，一半的葱切成段。
3 锅中添入适量水，放入鸭腿块、姜片、葱段，煮熟，捞出沥干。
4 取另一半姜和葱切成末。
5 鸭腿块中加入盐。
6 淋入料酒。
7 放入姜末。
8 放入葱末。
9 炒锅注食用油烧热，浇入鸭腿块中。
10 拌匀盛出即可。

**烹饪妙招**

先将鸭肉用凉水和少许醋浸泡半小时，可使鸭肉香嫩可口。

# 香辣鸭掌

烹饪：13分钟 难易度：★☆☆

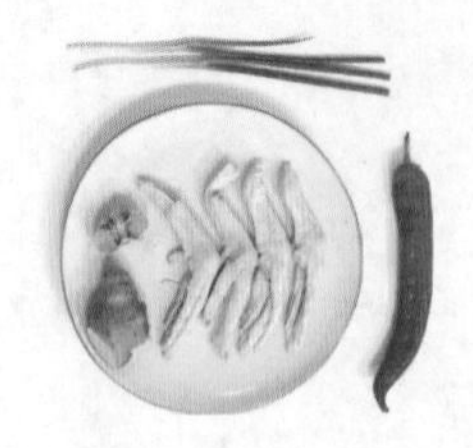

**原料**

鸭掌300克，葱、姜、蒜、红辣椒各适量

**调料**

盐2克，酱油3毫升，料酒5毫升，红油、芝麻油各适量

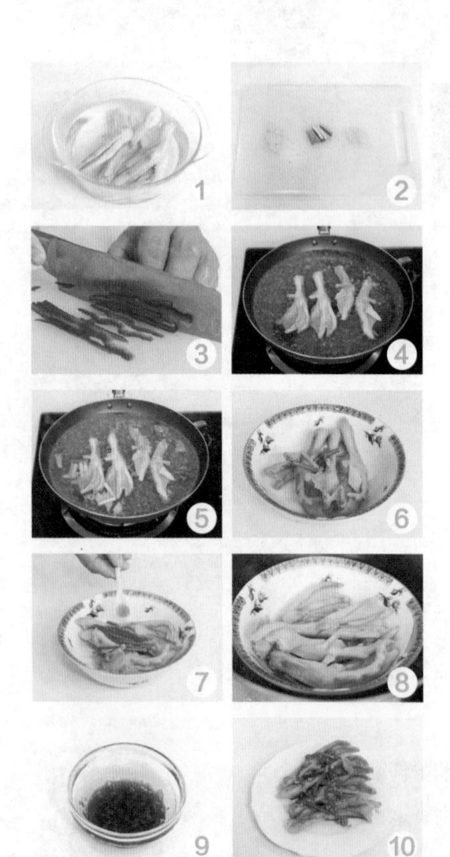

**做法**

1 将鸭掌刮净粗皮，洗净。
2 葱切段，姜切片，蒜切末。
3 红辣椒切丝。
4 将鸭掌放入锅中，添入适量水。
5 加入一部分葱段、姜片，焯烫后盛出。
6 将鸭掌放入碗中，加入剩余的葱段和姜片。
7 放入红辣椒、料酒、酱油、盐。
8 上屉蒸10分钟，取出放凉，码入盘中。
9 将红油、香油、蒜末调成味汁。
10 浇在鸭掌上拌匀即成。

**烹饪妙招**

鸭掌皮糙肉厚，可适当延长烤制的时间。

# 时蔬鸭血

烹饪：5分钟　难易度：★☆☆

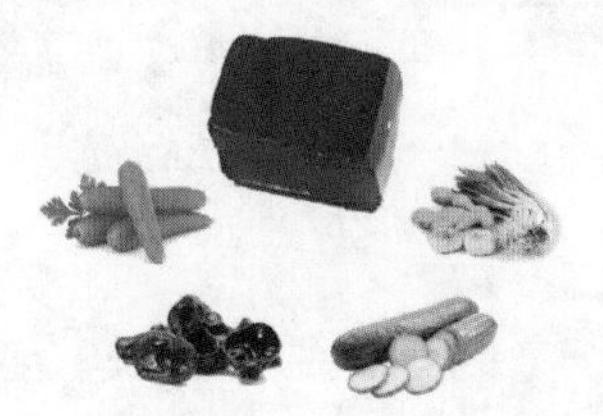

## 原料

鸭血300克，去皮胡萝卜50克，黄瓜60克，水发黑木耳40克，蒜末、葱段、姜片各少许

## 调料

生抽、料酒、芝麻油、水淀粉各5毫升，盐、鸡粉各3克，食用油适量

## 做法

1 洗净的黄瓜对半切开，斜刀切段，切成片。
2 胡萝卜对半切开，斜刀切段，改切成片。
3 鸭血切成三部分，改切成厚片。
4 沸水锅中倒入鸭血，汆煮2分钟，去除血腥味。
5 将汆煮好的鸭血盛入盘中待用。
6 热锅注油烧热，倒入葱段、姜片、蒜末爆香。
7 倒入木耳、鸭血、胡萝卜，拌匀。
8 加入生抽、料酒，炒匀。
9 倒入黄瓜，注入50毫升清水。
10 加入盐、鸡粉、水淀粉、芝麻油，拌匀至入味即可。

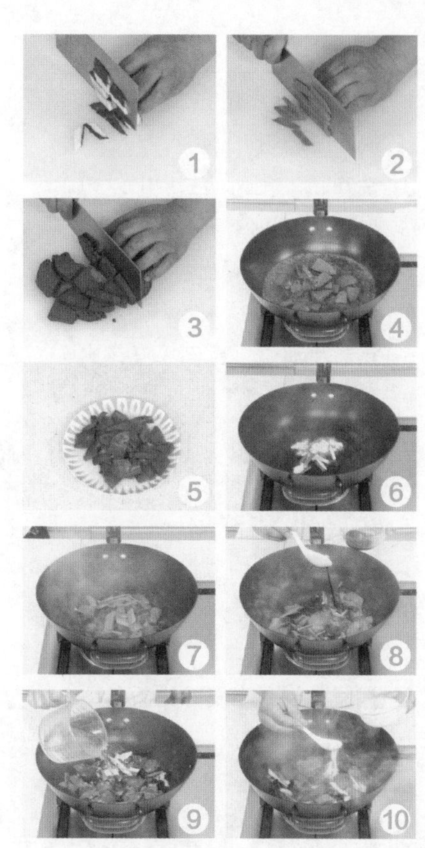


**烹饪妙招**

泡好的黑木耳可再冲洗一遍，能更好地去除杂质。

烹饪妙招

汆煮鸭血时，不宜盖上盖，否则容易煮老。

# 酸菜鸭血冻豆腐

烹饪：25分钟 难易度：★☆☆

## 原料

鸭血200克，水发粉条150克，东北酸菜50克，冻豆腐150克，葱段、姜片各少许，五花肉100克

## 调料

盐、鸡粉各3克，食用油适量

## 做法

1 冻豆腐切成粗条，改切成块；五花肉切成薄片。
2 洗净的鸭血横刀切开，切段，改切成块，待用。
3 沸水锅中倒入鸭血汆煮片刻。
4 捞出鸭血，盛入碗中待用。
5 热锅注油烧热，倒入五花肉片，炒至稍微转色。
6 加入葱段、姜片，爆香，倒入备好的东北酸菜，炒匀。
7 注入200毫升清水，倒入冻豆腐、鸭血，撒上盐。
8 加盖，大火煮开后转小火炖20分钟。
9 揭盖，倒入泡发好的粉条，拌匀，煮至再次沸腾。
10 加入鸡粉，充分拌匀入味即可。

**烹饪妙招**

在鸡蛋壳上磕个小洞，让蛋清先流出来，待蛋清流完了，再敲开蛋壳倒出蛋黄，这样就可轻松地分离开蛋清和蛋黄。

# 三色蛋

烹饪：15分钟 难易度：★★☆

**原 料**

熟咸蛋1个，熟皮蛋1个，鸡蛋2个

**调 料**

盐2克，鸡粉2克，食用油少许

**做 法**

1. 将咸蛋去壳、切碎，皮蛋去壳、切碎。
2. 鸡蛋敲开，将蛋清与蛋黄分别装入不同的碗中。
3. 在蛋黄中加入少许盐、鸡粉、清水，调匀。
4. 蛋清中加盐、鸡粉，搅匀。
5. 取汤碗，把油均匀抹在碗中。
6. 碗中先铺一层皮蛋，在皮蛋上铺一层咸蛋，再铺入剩下的皮蛋。
7. 在碗的一边倒入蛋清，另一边倒入蛋黄。
8. 将装有食材的汤碗放入烧开的蒸锅中，小火蒸15分钟。
9. 揭开锅盖，取出汤碗放凉。
10. 把食材倒出，切成厚块，摆入盘中即可。

# 香菜鸡蛋羹

烹饪：15分钟　难易度：★☆☆

## 原料

鸡蛋2个，香菜1棵，葱、姜各适量

## 调料

盐2克，芝麻油适量

## 做法

1 将鸡蛋磕入碗内，搅匀成蛋液。
2 将香菜洗净，切末。
3 葱洗净，切葱花。
4 姜洗净，切末。
5 鸡蛋液中撒入香菜末。
6 撒入适量盐。
7 加入适量水，沿顺时针方向搅匀。
8 放入蒸锅，蒸成形。
9 撒入葱花、姜末，淋芝麻油。
10 再蒸2分钟，取出即可。

**烹饪妙招**

蒸鸡蛋的时候可以封上一层保鲜膜，蒸好的蛋羹会更平滑。

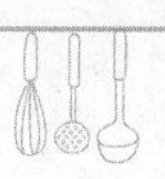

烹饪妙招

蒸蛋羹的时候切记勿用大火，以免蒸老蛋羹，出现气孔以至于影响口感。

# 猪肉蛋羹

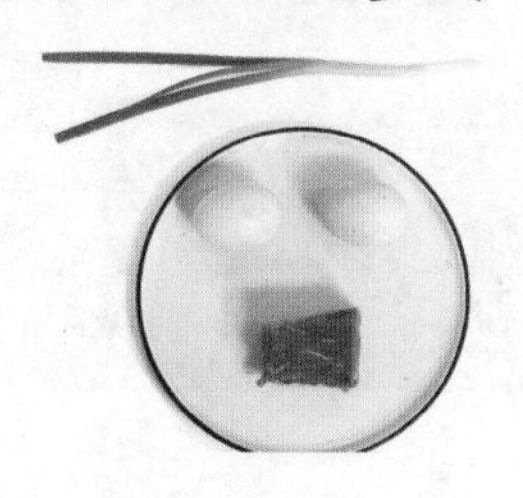

烹饪：12分钟 难易度：★★☆

## 原料

猪瘦肉25克，鸡蛋2个，葱少许

## 调料

盐2克，芝麻油适量

## 做法

1 将猪瘦肉洗净。
2 将猪瘦肉剁成肉末。
3 将葱洗净切末。
4 将鸡蛋磕入碗内。
5 搅匀成蛋液。
6 再加入葱末。
7 加入猪瘦肉末。
8 加入盐、适量清水搅匀。
9 入蒸锅小火蒸12分钟。
10 取出，淋上芝麻油即成。

# 水果奶蛋羹

烹饪：20分钟 难易度：★★☆

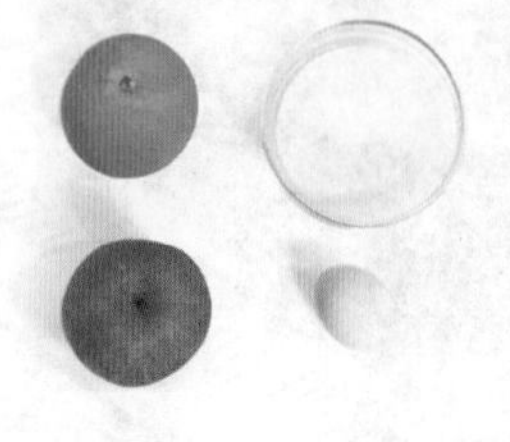

## 原 料

鸡蛋、苹果、橘子各1个，牛奶100毫升

## 调 料

糖2克，玉米粉适量

## 做 法

1 将鸡蛋取蛋黄。
2 将苹果洗净，捣成苹果泥。
3 将橘子去皮、橘络。
4 将橘子瓣捣烂。
5 锅中放入玉米粉。
6 加入糖、蛋黄搅匀。
7 将温牛奶慢慢倒入锅中。
8 边倒边搅拌，用小火熬煮至黏稠状。
9 将煮好的奶羹盛入碗中，放上苹果泥。
10 放上橘子泥即可。

**烹饪妙招**

制作蛋羹时忌加冷水，否则蛋羹会出现小蜂窝，导致缺乏鲜嫩感，营养成分也会受损。

# 鱼肉煎蛋

烹饪：20分钟 难易度：★★☆

## 原 料

草鱼200克，鸡蛋2个，葱适量

## 调 料

盐2克，胡椒粉1克，芝麻油、食用油各适量

## 做 法

1 将葱洗净，切末。
2 将鸡蛋磕入碗内。
3 鸡蛋液加盐搅匀。
4 将草鱼洗净。
5 取鱼肉去皮，剁成泥。
6 将鱼肉泥放入碗中，加入鸡蛋液。
7 加入葱末、胡椒粉。
8 淋芝麻油，搅拌成糊状。
9 炒锅注食用油烧热，倒入鱼肉蛋糊，用小火煎成饼状。
10 装盘即成。

**烹饪妙招**

蛋液调匀后放置一会儿，让其中的空气消失，这样煎出的蛋饼外观更好看。

**烹饪妙招**

牛奶不宜煮太久，否则会导致营养物质流失。

# 牛奶煮蛋

烹饪：15分钟 难易度：★☆☆

**原 料**

鸡蛋3个，牛奶适量

**调 料**

糖3克

**做 法**

1 将鸡蛋的蛋清和蛋黄分开。
2 将蛋清、蛋黄分别装碗。
3 蛋清用搅拌器打发。
4 打发至起泡的状态。
5 将牛奶倒入锅中。
6 加入蛋黄。
7 搅匀。
8 撒入糖，用小火煮至微沸。
9 再用勺子一勺一勺把调好的蛋清放入牛奶蛋黄锅内。
10 稍煮，装碗即成。

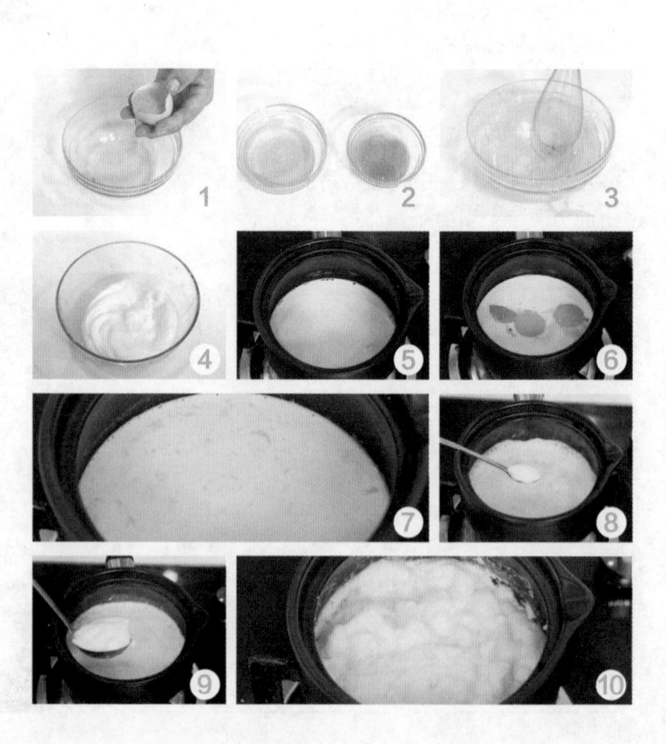

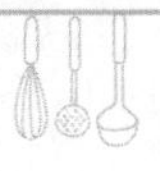

**烹饪妙招**

牛奶加热时不要煮沸，也不要久煮，否则会破坏营养物质，影响人体吸收。

# 蛋奶菜心

烹饪：20分钟 难易度：★★☆

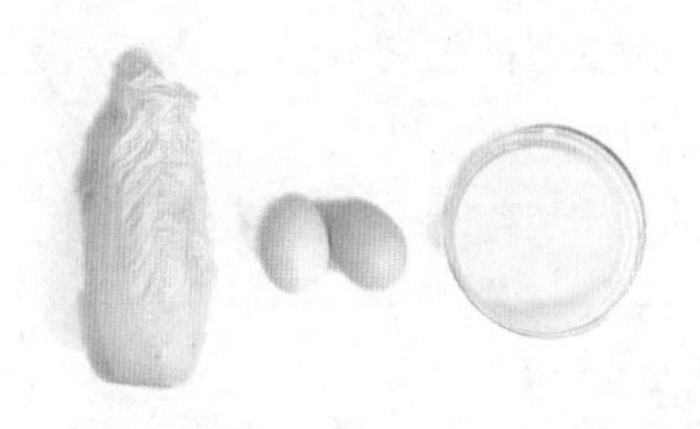

## 原 料

白菜心250克，鸡蛋2个，鲜奶150毫升

## 调 料

盐2克，鸡粉1克，料酒2毫升，水淀粉、鲜汤、芝麻油、食用油各适量

## 做 法

1 将白菜心洗净。
2 锅内添入适量水烧开，放入白菜心焯水，捞出沥干。
3 炒锅注食用油烧热，加入料酒、鲜汤。
4 放入白菜心略烧。
5 撒盐，用水淀粉勾芡。
6 取出摆放盘中。
7 锅内添少量鲜汤，撒盐、鸡粉调味。
8 加入鲜奶烧开，用水淀粉勾芡。
9 加入鸡蛋推匀，淋芝麻油。
10 盛出浇在白菜心上即成。

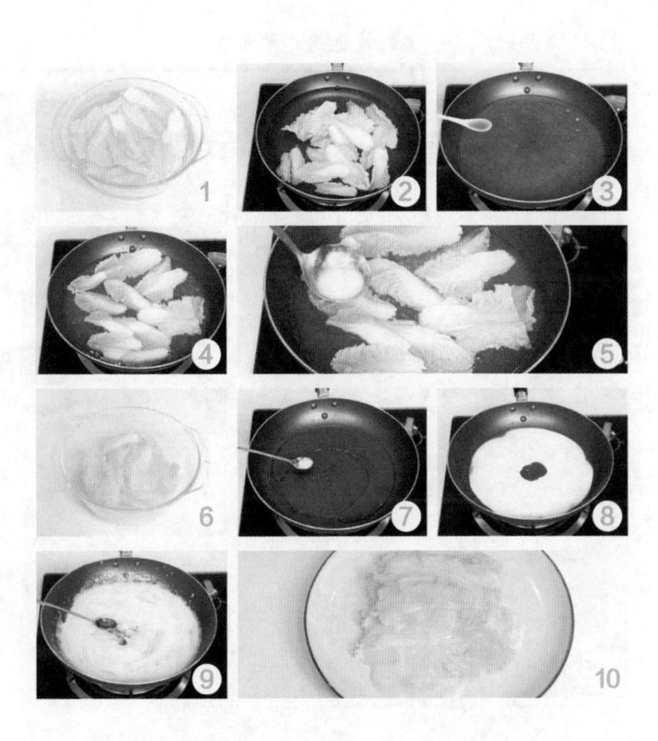

# 奶香杏仁豆腐

烹饪：2小时5分钟　难易度：★★☆

原料 豆腐150克，琼脂60克，杏仁30克，杏仁粉40克，糖桂花20克，牛奶100毫升

调料 白糖、盐各适量

做法

1 豆腐切块，待用，锅中倒入牛奶、琼脂。
2 倒清水，加杏仁、盐、白糖、杏仁粉拌匀，加热煮沸后倒入豆腐，略煮至入味。
3 豆腐盛出放入塑料盒，用塑料袋装好冷藏2小时后取出豆腐，切成大块。
4 将切好的豆腐装盘，淋上糖桂花即可。

烹饪妙招
切豆腐力道不宜过大，以免切碎。

# 大良炒牛奶

烹饪：1分30秒　难易度：★★☆

原料 牛奶150毫升，鸡蛋2个，虾仁35克，北杏仁25克，熟鸡肝40克，火腿15克

调料 盐3克，鸡粉3克，水淀粉3毫升，生粉20克，食用油适量

做法

1 取部分牛奶装入碟中，加生粉调匀，倒入剩余的牛奶中，淋入蛋清，加盐、鸡粉调匀。
2 杏仁炸至微黄色，火腿粒炸香；鸡肝加入虾仁炸香，捞出，沥干油，备用。
3 牛奶小火炒匀，放入鸡肝和虾仁，撒上杏仁、火腿粒即可。

烹饪妙招
牛奶可顺一个方向搅动加速凝固。

烹饪妙招

鱼头腌制时间不要太长，以10分钟为佳。

# 剁椒鱼头

烹饪：13分钟　难易度：★☆☆

**原 料**

鲢鱼头450克，剁椒130克，葱花、葱段、蒜末、姜末、姜片各适量

**调 料**

盐2克，味精、蒸鱼豉油、料酒各适量

**做 法**

1 鱼头洗净，切成相连的两半，且在鱼肉上划上一字刀，用适量料酒抹匀鱼头，鱼头内侧再抹上盐和味精。
2 将剁椒、姜末、蒜末装碗。
3 加盐、味精，与剁椒抓匀。
4 将调好的剁椒铺在鱼头上。
5 鱼头翻面，再铺上剁椒，再放上葱段和姜片腌渍入味。
6 蒸锅注水烧开，放入鱼头。
7 加盖，大火蒸约10分钟至熟透。
8 揭盖，取出蒸熟的鱼头，挑去姜片和葱段。
9 淋上蒸鱼豉油，撒上葱花。
10 另起锅，倒入少许油烧热，将热油浇在鱼头上即可。

# 珊瑚鳜鱼

烹饪：5分钟 难易度：★★★

## 原料

鳜鱼500克，蒜末、葱花各少许

## 调料

番茄酱15克，白醋5毫升，白糖2克，水淀粉4毫升，生粉、食用油各少许

## 做法

1 处理干净的鳜鱼剁去头尾，去骨留肉，在鱼肉上打上麦穗花刀。
2 热锅注食用油，烧至六成热。
3 将鱼肉两面沾上生粉，放入油锅中，搅匀炸至金黄色。
4 将炸好的鱼肉捞出，沥干油。
5 将鱼的头尾蘸上生粉，也放入油锅炸成金黄色。
6 将食材捞出，沥干油后摆入盘中待用。
7 锅底留油，放入蒜末，翻炒爆香。
8 倒入番茄酱、白醋、白糖，快速翻炒均匀。
9 倒入少许水淀粉，搅匀制成酱汁。
10 将调好的酱汁浇在鱼肉身上，撒上葱花即可。

**烹饪妙招**

炸鱼的时候最好多搅动，使鱼肉受热更均匀。

# 清蒸开屏鲈鱼

烹饪：7分30秒 难易度：★★☆

## 原料

鲈鱼500克，葱丝、姜丝、彩椒丝各少许

## 调料

盐2克，鸡粉2克，料酒8毫升，胡椒粉少许，蒸鱼豉油少许，食用油适量

## 做法

1 将处理好的鲈鱼切去背鳍、鱼头。
2 鱼背部切一字刀，切相连的块状。
3 把鲈鱼装入碗中，放入适量盐、鸡粉、胡椒粉。
4 淋入少许料酒，抓匀，腌渍10分钟。
5 把腌渍好的鲈鱼放入盘中，摆放成孔雀开屏的造型，放入烧开的蒸锅中。
6 盖上盖，用大火蒸7分钟。
7 揭开盖，把蒸好的鲈鱼取出。
8 撒上姜丝、葱丝，再放上彩椒丝。
9 浇上少许热油。
10 最后加入蒸鱼豉油即可。

**烹饪妙招**

可以用筷子插进鱼尾，能轻松插入说明熟透。

好吃又营养

鲤鱼营养价值很高，含有丰富的蛋白质，而且很容易被人体吸收，可供给人体必需的氨基酸。

# 清蒸过江鱼

烹饪：60分钟　难易度：★★★

## 原料

活鲤鱼750克，猪肉、莴笋各100克，葱、姜各30克

## 调料

料酒4毫升，盐3克，鲜汤、芝麻油各适量

## 做法

1 猪肉洗净，片成大片。
2 莴笋洗净，去皮切丝。
3 葱洗净切段。
4 将活鲤鱼处理干净，将鱼肉切成片，装碗。
5 加葱段、姜片。
6 加盐、料酒，拌匀，腌制20分钟。
7 待鲤鱼入味后，再放入清水内清洗一次，放入大碗。
8 加盐、姜片、鲜汤、葱段，盖上猪肉片，蒸30分钟，取出。
9 去除猪肉片、葱段、姜片。
10 将莴笋丝蒸熟，撒在鱼上，淋芝麻油即可。

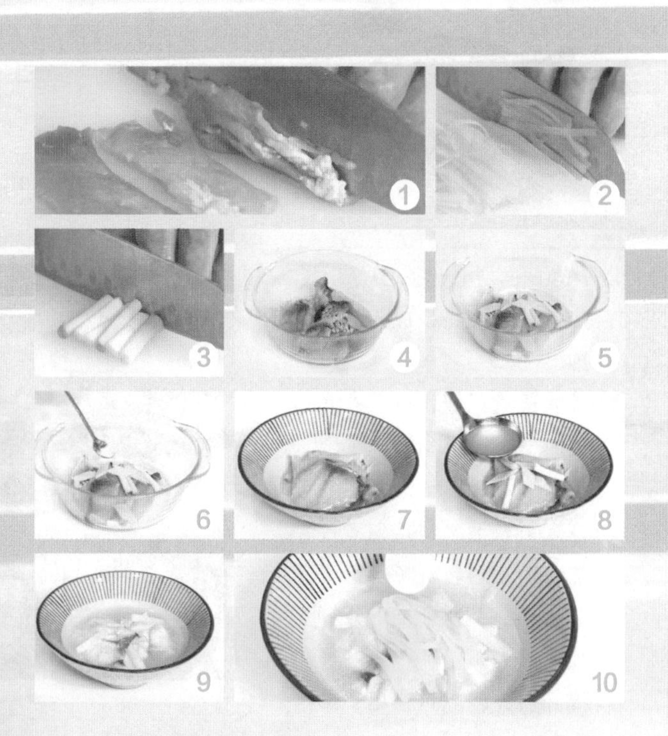


**烹饪妙招**

蒸好鱼肉后不要急于揭盖，利用余热蒸几分钟后再打开。

**烹饪妙招**

鲤鱼可先用盐去除多余水汽，味道会更佳。

# 葱油鲤鱼

烹饪：9分钟 难易度：★☆☆

## 原料

鲤鱼350克，花椒3克，姜片4克，葱丝10克，干辣椒10克，八角适量

## 调料

盐2克，蒸鱼豉油、食用油各适量

## 做法

1 鲤鱼两面划上一字花刀待用。
2 热锅注油烧热，放入鲤鱼，煎出香味。
3 放入适量花椒，加入八角、姜片，倒入少许干辣椒，炒香。
4 注入适量清水，拌匀煮沸，加入盐，搅拌。
5 盖上盖，用大火焖5分钟至入味。
6 揭开盖，将鲤鱼盛出，装入盘中。
7 撒上葱丝，浇上蒸鱼豉油。
8 放上剩余的干辣椒，倒入花椒。
9 热锅中倒入适量食用油，烧至八成热。
10 将热油浇在鲤鱼身上即可。

# 葱香烤带鱼

烹饪：18分钟 难易度：★☆☆

原 料 带鱼段400克，姜片5克，葱段7克

调 料 盐3克，白糖3克，料酒3毫升，生抽3毫升，老抽3毫升，食用油适量

做 法

1 带鱼装碗，放入葱片、姜段、盐、白糖、料酒、生抽、老抽拌匀，腌渍20分钟。
2 在铺好锡纸的烤盘上刷上食用油，放入腌渍好的带鱼，再放入烤盘内。
3 温度调为180℃上下火加热，烤18分钟。
4 将烤好的带鱼装入盘中即可。

烹饪妙招
烤制时可加少许白酒去除腥味。

# 酥炸带鱼

烹饪：1分30秒 难易度：★☆☆

原 料 带鱼300克，鸡蛋45克，花椒、葱花各少许

调 料 生粉10克，生抽8毫升，盐2克，鸡粉2克，料酒5毫升，辣椒油7毫升，食用油适量

做 法

1 带鱼装碗，加生抽、盐、鸡粉，搅拌均匀。
2 蛋黄搅匀，撒上生粉裹匀，腌渍10分钟。
3 油锅烧至四成热，倒入带鱼炸至金黄。
4 爆香花椒，加带鱼、料酒、生抽、辣椒油、盐，撒上葱花，快速翻炒匀即可。

烹饪妙招
炸带鱼时要将带鱼搅散。

# 干烧小黄鱼

烹饪：30分钟　难易度：★★★

## 原料

小黄花鱼500克，猪五花肉150克，玉兰片、香菇、青椒各25克，榨菜10克，豆瓣酱、葱、姜、蒜各适量

## 调料

盐、白糖、料酒、酱油、醋、清汤、食用油各适量

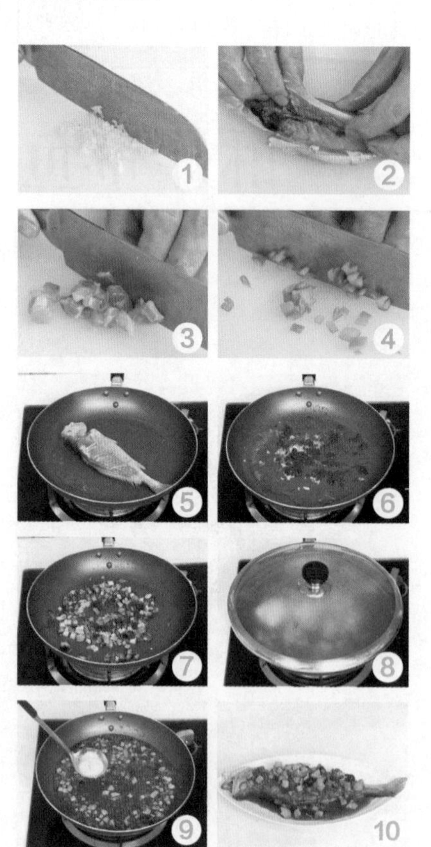

## 做法

1 葱、姜、蒜去皮洗净，切末。
2 将小黄花鱼刮鳞、去腮、去内脏，洗净。
3 猪五花肉洗净，切丁。
4 香菇、玉兰片、榨菜、青椒均洗净，切小丁。
5 锅内注油烧八成热，放黄花鱼煎至两面金黄。
6 锅内留底油烧至八成热，放入葱末、姜末、蒜末爆香，放入豆瓣酱，炒出红油。
7 放入猪五花肉丁、玉兰片丁、香菇丁、榨菜丁煸炒几下。
8 将小黄鱼放入，烹入料酒、醋，加盖烧焖。
9 放入清汤、酱油、白糖、盐，中小火烧8分钟。
10 将小黄花鱼盛盘，留少许汤汁，倒入青椒丁煸炒几下，浇在鱼身上即可。

**烹饪妙招**

黄花鱼裹上蛋液再烹饪味道更好。

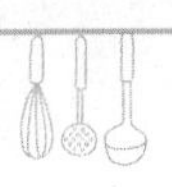

烹饪妙招

在黄花鱼上打花刀时不可切得太深，以免炸的时候将其肉质炸散了。

# 干炸小黄鱼

烹饪：25分钟 难易度：★★☆

**原 料**

小黄花鱼500克，淀粉100克，葱、姜各适量

**调 料**

盐、料酒、食用油各适量

**做 法**

1 将小黄鱼洗净，去内脏。
2 鱼身切直刀。
3 葱洗净切段。
4 姜洗净切片。
5 小黄花鱼放入盆中，加入葱段、姜片。
6 加入盐、料酒，腌制入味。
7 锅内注食用油烧至五成热。
8 小黄鱼蘸匀淀粉。
9 将小黄花鱼放入锅中炸至金黄。
10 捞出成盘即可。

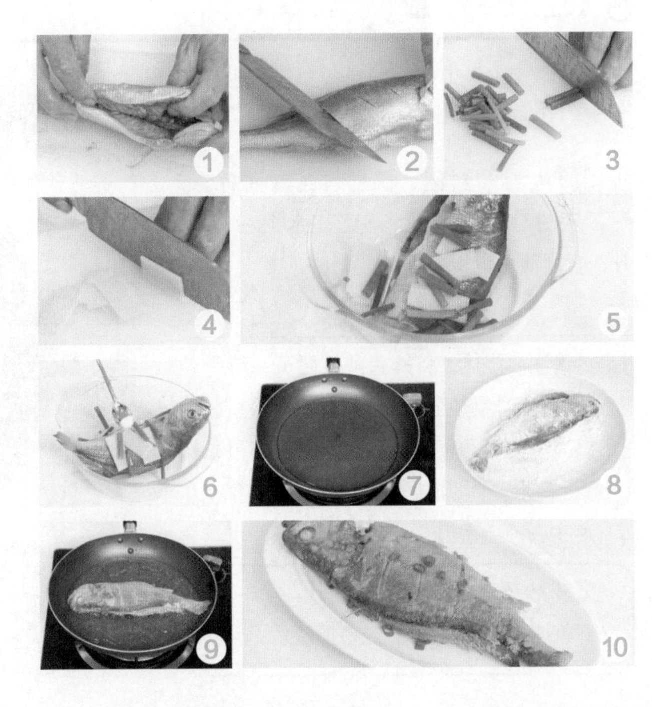

# 山药蒸鲫鱼

烹饪：10分30秒　难易度：★★☆

**原料** 鲫鱼400克，山药80克，葱条30克，姜片20克，葱花、枸杞各少许

**调料** 盐2克，鸡粉2克，料酒8毫升

**做法**

1 处理干净的鲫鱼两面切上一字花刀。
2 将鲫鱼装入碗中，放入姜片、葱条，加入料酒、盐、鸡粉，拌匀腌渍15分钟。
3 鲫鱼装盘，撒上山药粒，放上姜片。
4 大火蒸10分钟至食材熟透后取出，撒上葱花、枸杞即可。

**烹饪妙招**
不用放过多调料以免影响鲜味。

# 姑苏鲫鱼

烹饪：25分钟　难易度：★★☆

**原料** 河鲫鱼250克，姜片、葱段各少许，冰糖40克

**调料** 生抽、料酒、陈醋、芝麻油各5毫升，鸡粉、盐、白糖各3克，水淀粉10毫升，食用油适量

**做法**

1 热锅注油烧热，将鲫鱼煎至微黄，待用。
2 油锅里加冰糖炒至溶化，倒清水煮至沸腾。
3 锅内注油爆香葱段、姜片，倒入鲫鱼、料酒、清水、焦糖水、生抽、盐、白糖拌匀。
4 煮20分钟后盛出，将调味汁浇上即可。

**烹饪妙招**
鲫鱼抹上生粉煎时不容易掉皮。

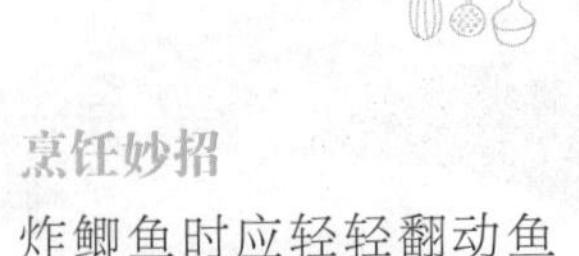

烹饪妙招

炸鲫鱼时应轻轻翻动鱼身，以使鲫鱼熟透。

# 芹酥鲫鱼

烹饪：25分钟　难易度：★★☆

## 原料

鲫鱼500克，芹菜100克，葱、姜、蒜、花椒、八角各适量

## 调料

盐3克，白糖1克，酱油3毫升，醋、食用油、水淀粉各适量

## 做法

1 鲫鱼宰杀后去内脏，洗净、沥干。
2 炒锅注花生油烧六成热，放入鲫鱼炸黄，捞出沥油。
3 葱、姜、蒜分别去皮洗净，切末；芹菜洗净，切段。
4 锅内注食用油烧热，下入葱末、姜末、蒜末爆香。
5 下入花椒、八角爆锅。
6 添入适量水。
7 放入芹菜段、鲫鱼。
8 加入盐、白糖。
9 加入酱油、醋。
10 加入水淀粉，大火煮开，转小火焖至汁干、鱼骨酥烂时，装盘即可。

# 水煮鱼

烹饪：10分钟　难易度：★★☆

### 原料

草鱼1条，鸡蛋1个，小葱20克，生姜、大蒜、黄豆芽、干辣椒各适量，花椒少许

### 调料

料酒10毫升，盐3克，鸡粉4克，胡椒粉3克，生粉5克，豆瓣酱30克，花椒油、白糖、生抽、芝麻油、食用油各适量

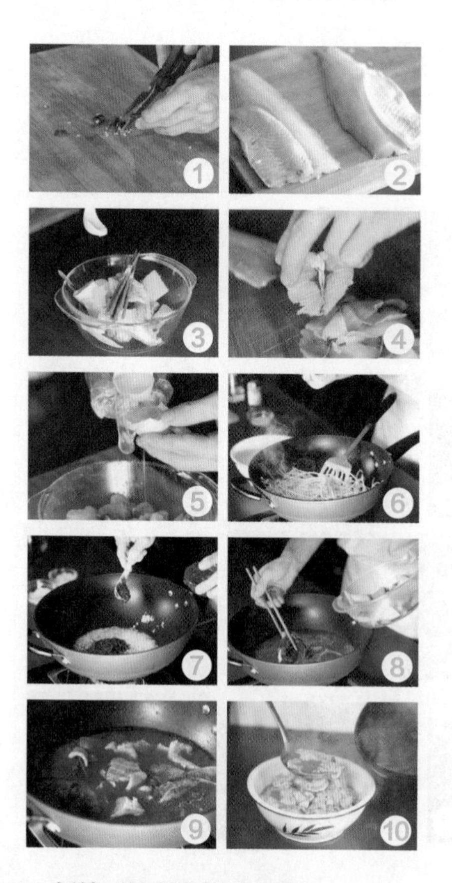

### 做法

1 生姜切成姜末；小葱切小段；干辣椒剪小段。
2 草鱼切开，取鱼腩肉部分，鱼骨切成小段待用。
3 鱼骨加盐、姜、葱、胡椒粉、鸡粉、料酒腌渍。
4 鱼片顺着纹理切开，厚薄适中。
5 鱼片碗中撒入生粉、胡椒粉、鸡粉、料酒搅拌，打入蛋清，加食用油腌渍10分钟。
6 炒香干辣椒段、蒜末、葱段、豆芽、鸡粉、生抽。
7 热锅注油烧热，放入姜末、蒜末、豆瓣酱、白糖炒香后注水，煮出汤汁，将汤汁倒至滤网中。
8 汤汁煮沸，放入鱼块煮2分钟后捞出，放在食材上。
9 汤汁加鸡粉、生抽、芝麻油、花椒油，放入鱼片。
10 煮断生捞出盛至食材上，淋上汤汁、干辣椒、青花椒、葱段、蒜末烧热，倒入食材上。

**烹饪妙招**

煮鱼水量不宜多，以鱼片放入后，刚刚被水淹过即可。

# 酸菜鱼

烹饪：25分钟　难易度：★★☆

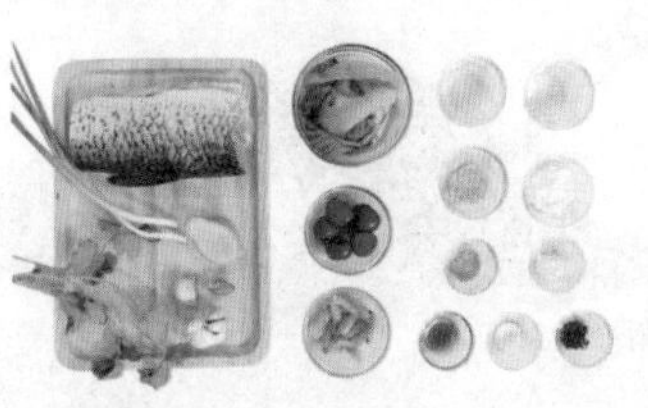

**原 料**

草鱼500克，酸菜200克，生姜10克，珠子椒30克，香菜、花椒各2克，白芝麻少许，小葱、泡小米椒、大蒜各15克，蛋清5毫升

**调 料**

盐3克，胡椒粉2克，米醋5毫升，料酒3毫升，生粉10克，白糖、食用油各适量

**做 法**

1 泡小米椒、酸菜、葱切段，姜切片，蒜切末。
2 鱼身对半片开。
3 将鱼骨与鱼肉分离，鱼骨斩成段，装碗待用。
4 鱼肉切成薄片装碗，加入盐、料酒、蛋清拌匀。
5 倒入生粉，充分搅拌均匀，腌渍3分钟入味。
6 热锅注油，放入姜片爆香，放入鱼骨炒香，加入小米辣、葱段、酸菜炒香。
7 注入700毫升清水煮沸，放入珠子椒，续煮3分钟后盛出鱼骨和酸菜，汤底留锅中。
8 鱼片放入锅中，放入盐、糖、胡椒粉、米醋，稍稍拌匀后继续煮至鱼肉微微卷起、变色。
9 捞入碗中，加入蒜末、花椒、白芝麻。
10 另起锅注油烧热，舀出浇入碗中，放入香菜。

**烹饪妙招**

鱼片煮变色即可，不可煮久，否则肉质会变老。

**烹饪妙招**

鱼片在油炸的时候一定要注意控制好火候。

# 滑熘鱼片

烹饪：8分钟 难易度：★★☆

## 原料

草鱼肉150克，红椒60克，香菜8克，生粉8克，鸡蛋清10毫升，蒜末3克，姜片5克，葱段适量

## 调料

盐3克，料酒5毫升，水淀粉5毫升，鸡粉3克，白糖3克，食用油适量

## 做法

1 鱼肉斜刀切成薄片，放入盐、料酒、鸡蛋清拌匀，腌渍10分钟，倒入生粉拌匀。
2 红椒去籽，切成菱形片。
3 热锅注入适量的食用油烧至成四成热，倒入鱼片。
4 用筷子将鱼片搅开，防止粘连在一起，油炸至金黄色。
5 将鱼片捞出放入盘中待用。
6 热锅注油，倒入葱段、姜片、蒜末爆香，倒入红椒炒匀。
7 加入料酒、100毫升清水，撒上盐、鸡粉、白糖，充分拌匀至入味。
8 倒入鱼块，炒匀。
9 加适量水淀粉收汁勾芡。
10 将炒好的菜肴盛入盘中，撒上香菜即可。

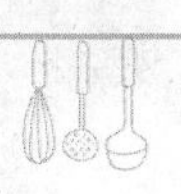

烹饪妙招

泡海米的水味道很鲜，可以在烧菜的时候用。

# 海米拌三脆

烹饪：3分钟 难易度：★☆☆

## 原料

莴笋140克，黄瓜120克，水发木耳50克，水发海米30克，红椒片少许

## 调料

盐2克，鸡粉1克，白糖3克，芝麻油4毫升

## 做法

1 洗净去皮的莴笋用斜刀切段，再切菱形片。

2 洗好的黄瓜切片，用斜刀切菱形片；木耳切小块。

3 锅中注入适量清水烧开，倒入木耳，煮至断生。

4 捞出木耳，沥干水分，待用。

5 沸水锅中倒入海米，拌匀，氽去多余盐分。

6 捞出海米，沥干水分，待用。

7 取一个碗，倒入莴笋、黄瓜、木耳，加入盐。

8 拌匀，腌渍约2分钟。

9 再倒入海米、红椒，加入鸡粉、白糖、芝麻油。

10 拌匀，至食材入味即可。

# 鲜虾牛油果椰子油沙拉

烹饪：13分钟　难易度：★☆☆

## 原料

洋葱50克，牛油果1个，鲜虾仁70克，蒜末10克

## 调料

胡椒粉4克，盐2克，柠檬汁6毫升，椰子油、朗姆酒各5毫升，椰子油沙拉酱60克，食用油500毫升

## 做法

1 洗净的洋葱切片。
2 洗净的牛油果对半切开，去皮，去核，去顶端，切粗条，对半切成两段，待用。
3 炒锅置火上，倒入椰子油，烧热。
4 放入蒜末，爆香，倒入处理干净的鲜虾仁。
5 翻炒至转色，加盐、胡椒粉炒匀调味后盛出。
6 牛油果中倒入柠檬汁，搅拌均匀；虾仁中放入朗姆酒，拌匀。
7 取大碗，放入牛油果、虾仁，加入洋葱片。
8 倒入椰子油沙拉酱，将食材拌匀。
9 另起锅，注入食用油，烧至六成热。
10 放入食材，油炸约2分钟至外表金黄后捞出，沥干油分，装盘即可。

**烹饪妙招**

炒虾仁的时候用中小火，以免将虾仁炒老。

烹饪妙招

拌好的虾仁可以用漏网捞起，再放入油锅中。

# 清炒虾仁

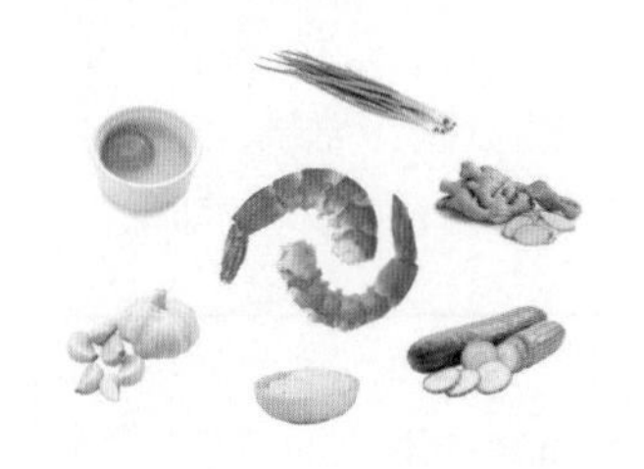

烹饪：1分30秒　难易度：★☆☆

## 原料

鲜虾仁80克，黄瓜60克，生粉15克，鸡蛋清1个，姜片、蒜末、葱段各3克

## 调料

盐、鸡粉各1克，料酒3毫升，食用油适量

## 做法

1 黄瓜切开，去籽，切厚片。

2 在洗好的鲜虾仁中放入蛋清，搅拌均匀。

3 放入生粉，搅拌均匀。

4 锅中注入足量油，烧至四成热，放入拌好的虾仁滑油半分钟。

5 捞出虾仁，沥干油分，装盘待用。

6 用油起锅，放入姜片、葱段、蒜末，爆香。

7 倒入切好的黄瓜翻炒。

8 放入虾仁，搅散。加入料酒，翻炒均匀。

9 注入约50毫升清水，搅匀，稍煮片刻。

10 加入盐、鸡粉，炒匀至收汁即可。

# 清炒海米芹菜丝

烹饪：2分钟　难易度：★☆☆

**原料** 海米20克，芹菜150克，红椒20克

**调料** 盐2克，鸡粉2克，料酒8毫升，水淀粉、食用油各适量

### 做法

1 芹菜切成段；红椒切开，去籽，切成丝。
2 锅中注水烧开，放入海米，加少许料酒，煮1分钟，把汆过水的海米捞出，待用。
3 用油起锅，放入煮好的海米，爆香，淋入料酒，炒匀，倒入芹菜、红椒，拌炒匀。
4 加盐、鸡粉、水淀粉，翻炒均匀即可。

**烹饪妙招**
芹菜入锅后不能炒制过久。

# 白灼基围虾

烹饪：4分钟　难易度：★★☆

**原料** 基围虾250克，生姜35克，红椒20克，香菜少许

**调料** 盐3克，料酒30毫升，豉油30毫升，鸡粉、白糖、芝麻油、食用油各适量

### 做法

1 锅中加水烧开，加料酒、盐、鸡粉，放入姜片、基围虾搅拌均匀，煮2分钟至熟。
2 基围虾捞出装盘，放入洗净的香菜。
3 用油起锅，倒水，加入豉油、姜丝、红椒丝、白糖、鸡粉、芝麻油煮沸，制成味汁。
4 煮好的基围虾蘸上味汁即可食用。

**烹饪妙招**
煮虾时加柠檬片可去除腥味。

**烹饪妙招**

基围虾头部长有剑齿状的锋利外壳，烹制基围虾前应将其头须和脚剪去。

# 银丝顺风虾

烹饪：20分钟　难易度：★★☆

**原 料**

基围虾300克，粉丝1捆，青椒、蒜各适量

**调 料**

盐2克，胡椒粉1克，食用油适量

**做 法**

1 将虾放入开水锅内煮熟，捞出。

2 将熟虾洗净，剪去虾腿、虾须和虾尾。

3 青椒切细粒，蒜切末。

4 粉丝用开水泡开。

5 将熟虾放入碗内。

6 加入盐、胡椒粉、蒜末。

7 放入粉丝拌匀。

8 将碗放入蒸笼内，蒸熟。

9 取出，撒上青椒粒。

10 浇上热油即可。

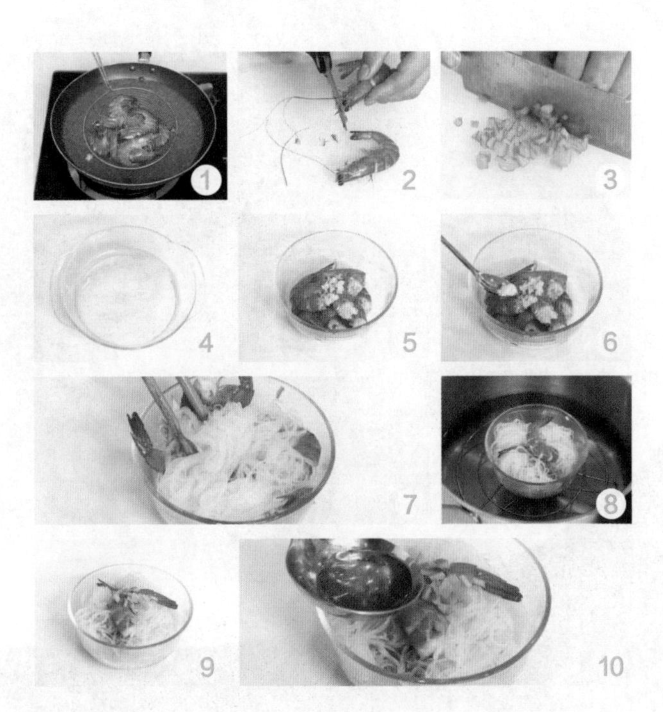

好吃又营养
明虾含有蛋白质、碳水化合物等营养物质，具有补肾壮阳、滋阴养胃、开胃化痰等功效。

# 粉丝烧鲜虾

烹饪：25分钟　难易度：★★☆

## 原料

鲜明虾300克，粉丝、葱、姜、蒜各适量

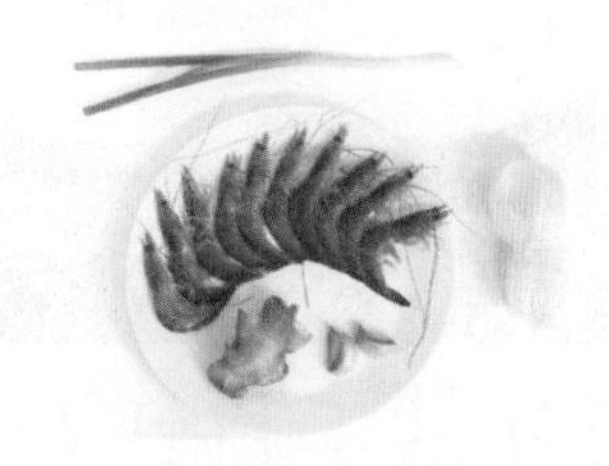

## 调料

香辣酱2克，盐2克，糖1克，水淀粉、高汤、芝麻油、食用油各适量

## 做法

1 将明虾去虾线，洗净。
2 葱、姜、蒜分别切末。
3 明虾放入热花生油锅内略炸，捞出。
4 粉丝用热水泡发至软。
5 炒锅注食用油烧热，下香辣酱、葱末、姜末。
6 添高汤。
7 加入粉丝、盐、糖，烧入味，捞起装盘。
8 将炸好的虾肉放入煮粉丝的原汁内烧透。
9 用水淀粉勾芡。
10 起锅，码在粉丝上，淋入芝麻油即可。

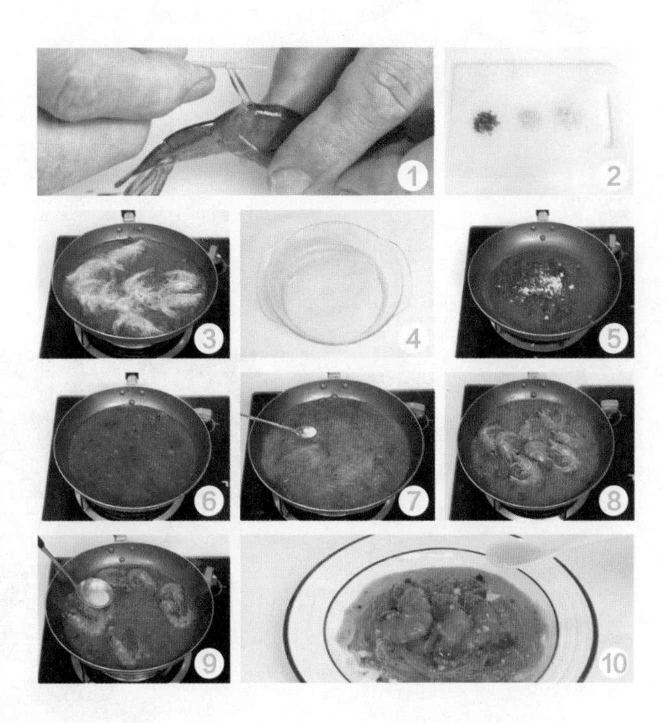


**烹饪妙招**

事先将明虾背上的虾线去除，可保证其清甜的味道。

烹饪妙招

开始炒酱汁时用中火，后改大火稍稍收干即可。

# 西红柿干烧虾仁

烹饪：20分钟　难易度：★★☆

## 原 料

虾仁200克，西红柿1个（200克），生粉10克，生姜2片，大蒜1瓣，葱花少许

## 调 料

生抽3毫升，蜂蜜3克，梅子醋3毫升，椰子油10毫升，辣椒酱汁10毫升，盐2克

## 做 法

1 洗净的西红柿对半切开，去蒂，切厚片，切条，切丁。
2 生姜切丝，改切成末；大蒜切片，切丝，剁成末待用。
3 虾仁中倒入生粉，搅拌待用。
4 锅置火上，倒入椰子油烧热。
5 倒入虾仁，煎炒约2分钟至虾仁转色卷曲后，装盘待用。
6 锅中倒入蒜末、姜末，炒出香味；倒入辣椒酱汁炒匀。
7 加入梅子醋、生抽、蜂蜜，稍拌，至酱汁香浓。
8 倒入虾仁，翻炒均匀，注入少许清水。
9 稍煮片刻，加入盐炒匀调味。
10 倒入西红柿丁，炒约1分钟至汁水略微收干，倒入葱花翻炒数下至入味即可。

烹饪妙招

虾线是虾的消化道，有很重的泥腥味，会影响口感，烹饪时应去除。

# 锦绣大虾

烹饪：20分钟 难易度：★★☆

## 原料

大虾250克，西蓝花120克，草菇50克，圣女果4个，番茄酱10克，葱段少许

## 调料

盐2克，鸡粉1克，白糖10克，海鲜酱油3毫升，水淀粉5毫升，食用油适量

## 做法

1 圣女果对半切开；西蓝花切小块；草菇切片。

2 锅中注水烧开，倒入草菇汆煮5分钟至熟透后捞出沥干。

3 锅中注油烧热，放葱段爆香。

4 倒入草菇、西蓝花，炒匀。

5 注入50毫升清水，加入1克盐，放入鸡粉，炒匀调味。

6 倒入圣女果，翻炒至熟软后盛出，装盘待用。

7 另起锅注油烧热，放入大虾煎炒约1分钟至略为转色，倒入番茄酱，搅匀。

8 注入适量清水，搅匀稍煮。

9 加盐、海鲜酱油、白糖、水淀粉，搅匀，关火待用。

10 炒好的食材摆盘，再在四周摆上大虾，浇上酱汁即可。

# 炸风尾虾

烹饪：20分钟　难易度：★★☆

## 原料

草虾300克，面粉100克，奶粉、葱、姜各适量

## 调料

盐2克，料酒4毫升，芝麻油、苏打粉、食用油各适量

## 做法

1 草虾去头、壳（仅留尾部的壳）。
2 把虾自背部切开（不切断）。
3 草虾放入碗中，加入盐。
4 加入料酒、芝麻油。
5 加入葱末、姜末腌渍。
6 将面粉、苏打粉、奶粉倒入碗中，加入清水。
7 搅拌成面糊。
8 放入草虾蘸匀。
9 锅内注食用油烧热，下入草虾炸至金黄色。
10 将草虾捞出控油，盛入盘中即可。

**烹饪妙招**

可以用牙签插入虾背，挑去虾线。

# 萝卜丝炖虾

烹饪：20分钟　难易度：★★☆

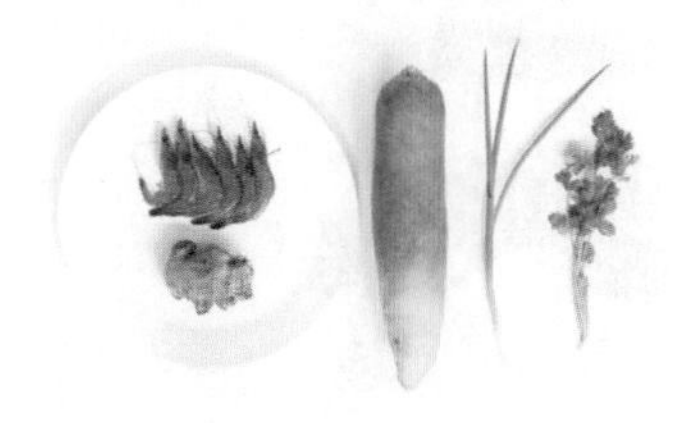

## 原料

青萝卜300克，基围虾150克，香菜末25克，葱、姜各适量

## 调料

盐2克，胡椒粉1克，鲜汤、料酒、食用油各适量

## 做法

1 将青萝卜洗净去皮，切成细丝；葱切葱花；姜切丝。
2 青虾去须、腿，洗净。
3 炒锅注花生油烧热，下入葱花爆锅。
4 加青萝卜丝煸炒至软，盛出。
5 另起锅注食用油烧热，下入葱花、姜丝烹出香味。
6 加入青虾煎炒。
7 放入鲜汤、料酒和青萝卜丝略炒，用慢火炖熟烂。
8 加入胡椒粉、盐。
9 撒上香菜末。
10 淋上热油即可。

**烹饪妙招**

煮好虾后可准备一份蘸料，把酱油、芝麻油、糖拌匀，扒好虾后蘸着酱非常好吃。

# 虾仁雪花豆腐羹

烹饪：20分钟　难易度：★★☆

## 原料

内酯豆腐1盒，虾仁50克，青豌豆、胡萝卜丁各30克，葱、姜各适量

## 调料

盐3克，胡椒粉1克，蛋清、水淀粉、肉汤、芝麻油各适量

## 做法

1 虾去壳、去虾线，洗净，用少许盐和水淀粉拌匀。
2 内酯豆腐切小块，姜切丝，葱切葱花。
3 锅中添水烧开，撒入少许盐，放入熟虾仁、青豌豆、胡萝卜丁略烫，捞出。
4 放入内酯豆腐块略烫，捞出。
5 锅内倒入肉汤烧开，下姜丝煮片刻。
6 加入熟虾仁、青豌豆、胡萝卜丁。
7 撒入盐、胡椒粉煮2分钟。
8 用水淀粉勾芡。
9 将蛋清打匀，淋入汤中搅匀，加入内酯豆腐块煮熟。
10 滴入少许芝麻油，撒入葱花即可。

**烹饪妙招**

烹制虾仁前，用料酒加葱、姜浸泡片刻，能去除虾仁的腥味。

烹饪妙招

海蜇皮汆完水后可以放入凉水中浸泡片刻，口感会更爽脆。

# 海蜇皮炒豆苗

烹饪：30分钟　难易度：★★☆

## 原料

豆苗300克，泡发海蜇皮丝150克，胡萝卜、香菜各100克，葱适量

## 调料

盐2克，料酒、食用油各适量

## 做法

1 将香菜洗净切断，葱切葱花。
2 将泡发海蜇皮丝入开水锅内淖烫，捞出沥干。
3 将豆苗择洗净。
4 将胡萝卜洗净切丝。
5 炒锅注食用油烧热，爆香葱花。
6 加入豆苗翻炒。
7 加入胡萝卜丝翻炒。
8 放入海蜇皮丝翻炒。
9 撒入香菜段，炒至海蜇皮丝熟软。
10 加入料酒、盐调味，炒匀出锅即可。

好吃又营养
海参富含蛋白质、维生素E等营养元素，具有补肾、滋阴、养血的功效。

# 小米海参

烹饪：30分钟　难易度：★★☆

**原 料**

小米75克，海参25克，油菜、葱、姜、枸杞子各适量

**调 料**

盐3克

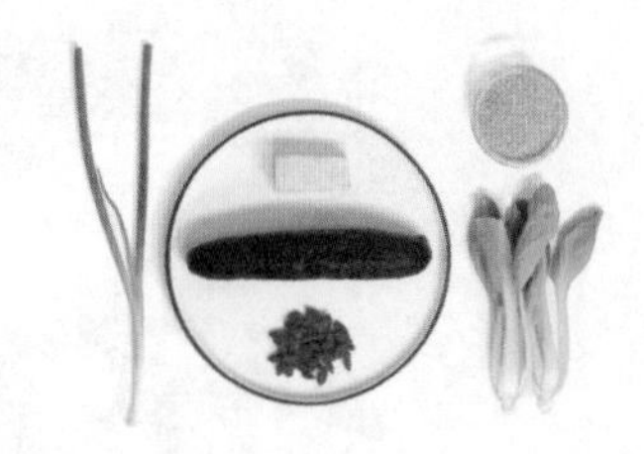

**做 法**

1 海参用温水泡发，去肠洗净。
2 将清洗好的海参切片。
3 将葱、姜洗净切末。
4 将油菜择洗净、切末。
5 枸杞子洗净泡发。
6 将小米淘洗干净，捞出沥干。
7 将小米放入锅中。
8 加入海参、葱末、姜末，大火烧开后转小火慢炖。
9 出锅前5分钟撒入油菜末、枸杞子。
10 撒盐调味，装碗即成。

**烹饪妙招**

海参入锅前应用冷水泡发。

# 椒油鱿鱼卷

烹饪：6分钟　难易度：★☆☆

**原 料** 鱿鱼肉135克，西芹95克，红椒20克

**调 料** 盐、鸡粉各2克，芝麻油6毫升

**做 法**

1 西芹切段；红椒斜刀切块；鱿鱼肉切小块。
2 西芹、红椒片汆煮至断生，捞出，沥干。
3 沸水锅中倒入鱿鱼，煮至卷起，捞出。
4 取一个大碗，倒入西芹、红椒、鱿鱼，加盐、鸡粉、芝麻油，拌匀，至食材入味。
5 将拌好的菜肴盛入盘中即可。

**烹饪妙招**

鱿鱼汆水的时间不宜太长。

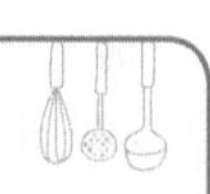

# 脆炒鱿鱼丝

烹饪：1分30秒　难易度：★☆☆

**原 料** 净鱿鱼90克，竹笋40克，红椒25克，姜末、蒜末、葱末各少许

**调 料** 盐3克，鸡粉2克，生抽2毫升，水淀粉、食用油各适量

**做 法**

1 鱿鱼丝放盐、鸡粉、水淀粉、油腌渍。
2 竹笋汆煮半分钟，鱿鱼汆煮至变色后捞出。
3 爆香姜末、蒜末、葱末，放入红椒丝、鱿鱼翻炒；倒入竹笋加生抽、鸡粉炒匀。
4 加水淀粉翻炒，关火盛出即可。

**烹饪妙招**

鱿鱼需煮熟透后再食用。

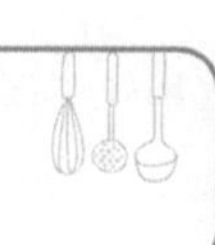

**烹饪妙招**

把蛤蜊壳煮开后再捞出，让调料更好地渗入。

# 清炒蛤蜊

烹饪：2分钟　难易度：★★☆

## 原 料

蛤蜊500克，姜丝20克，葱段10克

## 调 料

盐3克，生抽8毫升，老抽4毫升，料酒、鸡粉、水淀粉、食用油各适量

## 做 法

1 锅中倒入适量清水，大火烧开，倒入蛤蜊。
2 煮约2分钟至蛤蜊壳打开。
3 把蛤蜊捞出。
4 将蛤蜊装入碗中，用清水将蛤蜊洗净，掰开。
5 用油起锅，倒入姜丝，爆香。
6 倒入处理好的蛤蜊炒匀，淋入少许料酒。
7 加入盐、鸡粉，倒入少量生抽、老抽，炒匀调味，稍煮片刻。
8 倒入水淀粉勾芡。
9 将锅中材料翻炒至入味。
10 加入葱段炒匀，盛出装盘即可。

# 豉汁扇贝

烹饪：7分钟　难易度：★★☆

## 原料

扇贝500克，豆豉20克，香菜、蒜各适量

## 调料

酱油3毫升，蚝油2克，水淀粉、芝麻油、食用油各适量

## 做法

1 将扇贝用刀撬开两半，去掉半边壳，洗净沥干。
2 扇贝放入开水锅中煮熟，捞出摆放盘中。
3 香菜洗净，切末；蒜洗净，切末。
4 炒锅注食用油烧热，下蒜泥、豆豉炒香。
5 放入蚝油、酱油。
6 加入少许清水烧开。
7 用水淀粉勾芡。
8 淋入芝麻油。
9 撒上香菜末成豉汁。
10 将豉汁均匀地浇在扇贝肉上即成。

**烹饪妙招**

可用刀在扇贝肉上划十字花刀，更易入味。

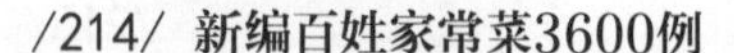

烹饪妙招

菜肴中放了豆瓣酱和生抽，盐可少放。

# 金福城香辣蟹

烹饪：12分钟 难易度：★★☆

## 原 料

花蟹150克，干辣椒15克，花生仁、豆瓣酱各20克，葱段、姜片、大蒜、香菜各少许

## 调 料

盐、白糖各2克，鸡粉1克，生抽、料酒、水淀粉各3毫升，食用油适量

## 做 法

1 用油起锅，放入大蒜、花生仁、姜片、葱段炒出香味。
2 倒入豆瓣酱，炒匀。
3 放入干辣椒翻炒数下。
4 注入约150毫升清水。
5 待煮沸后放入处理干净的花蟹块，拌匀。
6 加入盐、白糖、生抽、料酒，将调料搅匀。
7 加盖，用大火煮开后转小火焖5分钟至入味。
8 揭盖，放入鸡粉，搅匀调味。
9 加入水淀粉，搅至酱汁微稠。
10 关火后盛出菜肴，装盘，放入洗净的香菜即可。

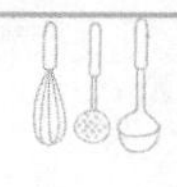

**烹饪妙招**

螃蟹本身有鲜味，可不放鸡粉。

# 吉祥扒红蟹

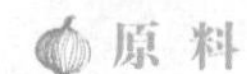

烹饪：12分钟 难易度：★★☆

## 原 料

花蟹100克，青豆40克，玉米粒30克，蛋清40克

## 调 料

盐、胡椒粉各2克，鸡粉1克，食用油适量

## 做 法

1 用油起锅，放入洗净的青豆、玉米粒。
2 翻炒数下。
3 注入约250毫升清水。
4 放入处理干净的花蟹，搅匀。
5 加盖，用大火煮开后转小火焖5分钟至食材熟透。
6 揭盖，转大火，加入盐、鸡粉、胡椒粉。
7 搅匀调味。
8 倒入蛋清。
9 煮约20秒至蛋清熟透变白。
10 关火后盛出菜肴，装碗即可。

# Part 3

## 滋补汤煲最养人

煲汤对于中国人来说是饮食调养必要的一步，一锅好汤既美味又滋补，还能根据自身身体状况用汤进行食疗，餐桌上怎能少得了它？如何煲一锅营养健康又好喝的家常靓汤是每一位主妇的必备手艺，本章将为你介绍多种经典家常靓汤的做法，不用再想怎么煲汤最营养好喝，跟着做就对了！

# 冬瓜菠菜汤

烹饪：22分钟　难易度：★★☆

**原料** 菠菜85克，冬瓜230克，羊肉50克，高汤300毫升，姜片、葱段各少许

**调料** 料酒5毫升，盐2克，鸡粉2克，食用油适量

**做法**

1 菠菜切长段，羊肉切片，冬瓜切成块。
2 油起锅，倒入羊肉，淋入料酒，炒香。
3 倒入高汤，注入少许清水，拌匀，放入冬瓜、姜片、葱段。
4 盖上盖，烧开后用小火煮约20分钟。
5 放入菠菜段，加入盐、鸡粉，煮熟即可。

**烹饪妙招**

菠菜选用较嫩的，口感更佳。

# 茯苓菠菜汤

烹饪：32分钟　难易度：★☆☆

**原料** 菠菜120克，石斛8克，茯苓15克，姜片、葱段各少许，高汤500毫升

**调料** 盐、鸡粉各少许

**做法**

1 洗净的菠菜切长段。
2 锅中注水，倒入菠菜，煮1分钟，捞出。
3 石斛、茯苓倒入沸水锅，中火煮20分钟，捞出药材，撒姜片、葱段，注入高汤。
4 盖上盖，小火煮10分钟，捞出姜片、葱段，倒入焯过水的菠菜段，拌匀。
5 加少许盐、鸡粉，中火略煮一会，即可。

**烹饪妙招**

高汤用香菇、海带、玉米制作。

# 砂锅紫菜汤

烹饪：20分钟 难易度：★★☆

## 原料

紫菜、芦笋、香菇、小白菜、豆腐各50克，姜适量

## 调料

盐2克，酱油5毫升，素汤、芝麻油、食用油各适量

## 做法

1 将紫菜去杂质，掰成碎块，泡入清水中。
2 将芦笋洗净，切成小片。
3 将香菇、豆腐切成细丝。
4 将小白菜洗净；姜洗净，去皮切成末。
5 炒锅注食用油烧热，放入芦笋片、香菇丝、豆腐丝略煸。
6 添入素汤。
7 放入紫菜块烧沸，倒在砂锅内。
8 砂锅内加入盐、酱油、姜末。
9 淋入芝麻油。
10 放入小白菜略烧即可。

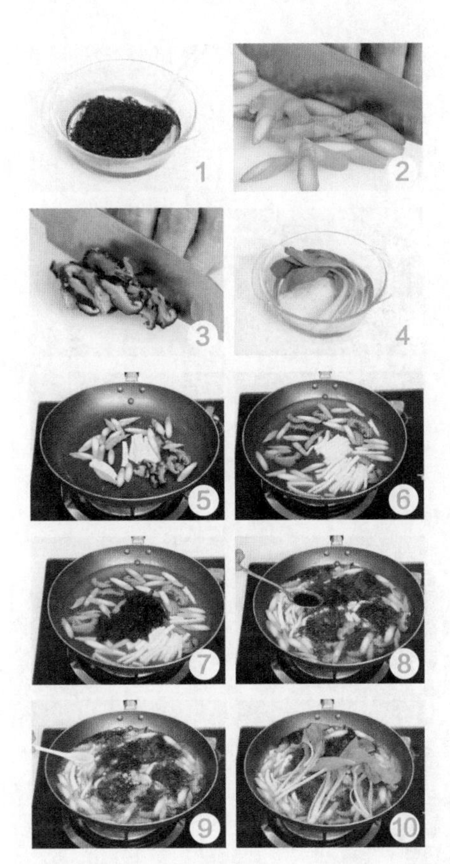


**烹饪妙招**

紫菜以色泽为紫红色为好，表明菜质较嫩，以清水泡发，并换1~2次水以清除杂质。

# 西红柿紫菜蛋花汤

烹饪：2分钟　难易度：★☆☆

## 原料

西红柿100克，鸡蛋1个，水发紫菜50克，葱花少许

## 调料

盐2克，鸡粉2克，胡椒粉、食用油各适量

## 做法

1 洗好的西红柿对半切开，再切成小块。
2 鸡蛋打入碗中，用筷子打散、搅匀。
3 用油起锅，倒入西红柿，翻炒片刻。
4 加入适量清水，煮至沸腾。
5 盖上盖，用中火煮1分钟。
6 揭开盖，放入洗净的紫菜，搅拌均匀。
7 加入适量鸡粉、盐、胡椒粉，搅匀调味。
8 倒入蛋液，搅散。
9 继续搅动至浮起蛋花。
10 盛出煮好的蛋汤，装入碗中，撒上葱花即可。

**烹饪妙招**

煮蛋花宜用小火，这样煮出来的蛋花才滑嫩。

# 芦笋玉米西红柿汤

烹饪：17分钟　难易度：★☆☆

## 原料

玉米棒200克，芦笋100克，西红柿100克，葱花少许

## 调料

番茄酱15克，盐、鸡粉各2克，食用油少许

## 做法

1 将洗净的芦笋切成段。
2 洗好的玉米棒切成小块。
3 洗净的西红柿对半切开，再切成小块。
4 砂锅中注入适量清水烧开。
5 倒入切好的玉米棒，放入西红柿块。
6 盖上盖，煮沸后用小火煮约15分钟，至食材熟软。
7 揭盖，淋上少许食用油，倒入切好的芦笋，搅拌匀。
8 加入少许盐、鸡粉，再挤入适量番茄酱。
9 拌匀调味，续煮一会儿，至食材熟透、入味。
10 关火后盛出煮好的汤料，装入汤碗中，撒上葱花即成。

**烹饪妙招**

西红柿易熟，也可与芦笋一起放入锅中，这样西红柿的口感就不会太绵软。

好吃又营养
菜花质地细嫩，玉米清香爽口，二物相合共具补益中气、促进发育、强肝解毒之功效。

# 玉米菜花汤

烹饪：20分钟　难易度：★★☆

## 原料

菜花400克，玉米粒100克

## 调料

鸡粉、水淀粉、芝麻油、食用油各适量

## 做法

1 将菜花切成小朵洗净。
2 将菜花放入沸水锅焯熟。
3 将菜花捞出用凉水过凉，沥干水分待用。
4 玉米取粒。
5 炒锅注食用油烧至五成热，加入菜花。
6 加入玉米粒炒匀。
7 加入适量清水。
8 加入盐和鸡粉烧沸。
9 烧开后用水淀粉勾芡。
10 淋上芝麻油，出锅即可。

**烹饪妙招**

菜花经过焯烫后，捞出要过凉，可以保持菜花脆嫩的口感，使汤的味道更佳。

# 桂花芋头汤

烹饪：75分钟　难易度：★★☆

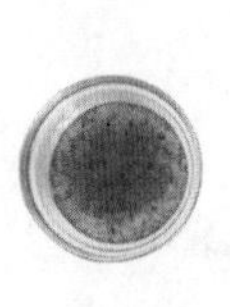

## 原料

芋头500克，糖桂花适量

## 调料

白糖4克

## 做法

1 将芋头洗净。
2 去皮。
3 切成小块。
4 锅中添入适量清水。
5 放入芋头块，旺火煮开。
6 盖上盖，改用小火焖煮1小时以上。
7 煮至芋头块变软。
8 加白糖调匀，随煮随搅（防止煳底烧焦）。
9 煮开后，停火，加糖桂花搅拌。
10 盛出，装入碗中即可。

**烹饪妙招**

芋头在烹调时一定要煮熟，否则粘液会刺激喉咙。

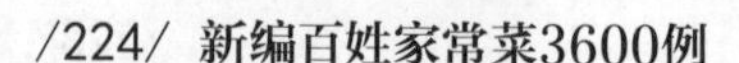

# 三文鱼奶油土豆汤

烹饪：8分钟　难易度：★☆☆

## 原料

三文鱼块90克，淡奶油50克，土豆丁80克，红彩椒丁、黄彩椒丁、洋葱丁各30克，罗勒碎10克，牛奶50毫升

## 调料

盐、鸡粉各1克，水淀粉5毫升，橄榄油适量

## 做法

1 锅置火上，淋入橄榄油，烧热，放入洋葱丁，爆香。
2 放入三文鱼块，煎约半分钟至微熟。
3 加入土豆丁，翻炒数下后倒入牛奶。
4 注入少许清水至没过食材。
5 用小火煮5分钟至食材熟软。
6 淋入水淀粉，搅拌至汤汁微稠。
7 放入罗勒碎。
8 加入淡奶油，稍稍搅匀。
9 倒入红彩椒丁、黄彩椒丁，搅匀。
10 加入盐、鸡粉搅匀调味即可。

**烹饪妙招**

彩椒丁易熟，放入锅中煮半分钟便可出锅。

**烹饪妙招**

柠檬汁主要起调味作用，加入少许即可。

# 法式胡萝卜汤

烹饪：30分钟 难易度：★★★

## 原料

芹菜、胡萝卜、土豆各200克，葱适量

## 调料

柠檬汁1毫升，盐2克，胡椒粉1克，鸡精1克，紫苏叶、酸奶油各适量

## 做法

1 将胡萝卜去皮洗净，切成丁。
2 将土豆去皮，切成丁。
3 将芹菜和葱洗净，切成一寸长的段。
4 锅中注入适量清水，加鸡精。
5 把切好的蔬菜都放进去，煮软为止。
6 把煮软的蔬菜和汤一起倒进搅拌器里搅碎。
7 将搅好的汤再倒回锅中，煮开即可。
8 撒入盐和胡椒粉。
9 加柠檬汁。
10 出锅盛碗，撒上切碎的紫苏叶末，加酸奶油即可。

烹饪妙招

玉米须的药用价值较高，可将其保存，单独熬煮成汤汁饮用。

# 玉米胡萝卜汤

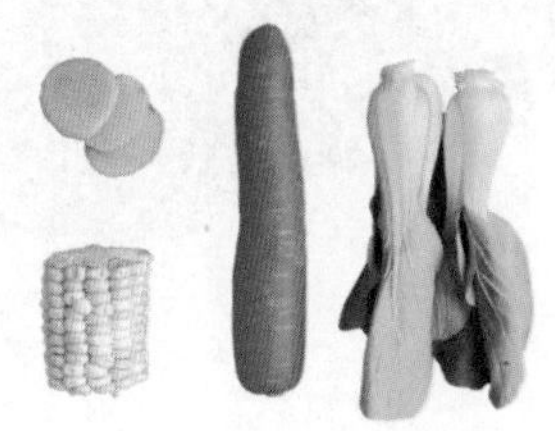

烹饪：22分钟　难易度：★★☆

### 原料

胡萝卜200克，玉米棒150克，上海青100克，姜片少许

### 调料

盐、鸡粉各3克，食用油少许

### 做法

1 洗净的上海青切开，修齐。
2 洗净的玉米棒切成段。
3 去皮洗净的胡萝卜切滚刀块。
4 锅中注清水，放入食用油。
5 倒入上海青，焯煮至熟。
6 捞出焯好的上海青，沥干水分待用。
7 另起锅，注入适量清水，倒入玉米、胡萝卜，煮半分钟，撒上姜片，大火煮沸。
8 关火，将锅中的材料倒入砂煲中，并将砂煲放置于旺火上。
9 盖上盖，煮沸后用中小火续煮约20分钟至食材熟透，加入盐、鸡粉，拌匀。
10 将汤盛入汤碗中即可。

# 白萝卜紫菜汤

烹饪：3分钟　难易度：★★☆

## 原料

白萝卜200克，水发紫菜50克，陈皮10克，姜片少许

## 调料

盐2克，鸡粉2克

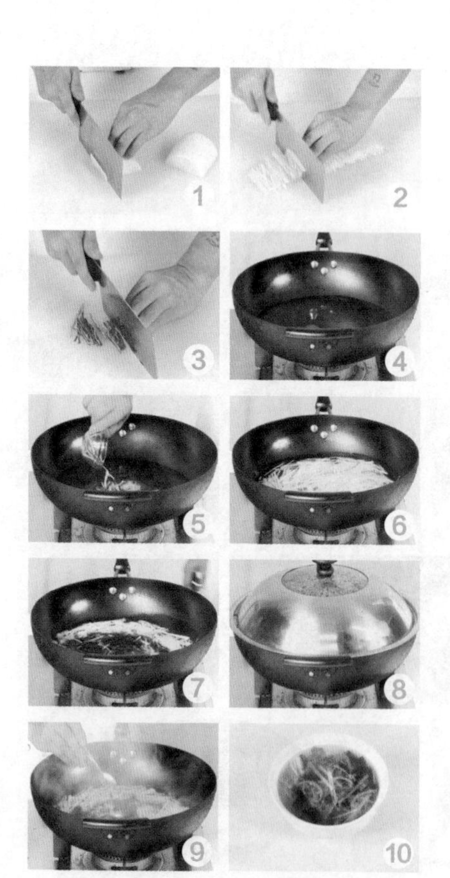

## 做法

1 洗净去皮的白萝卜切成片。
2 把白萝卜片改切成丝。
3 洗净泡软的陈皮切成丝。
4 锅中注入适量清水，大火烧热。
5 放入姜片、陈皮，搅匀，煮至沸腾。
6 倒入白萝卜丝，搅拌片刻。
7 倒入备好的紫菜，搅拌均匀。
8 盖上锅盖，煮约2分钟至熟。
9 掀开锅盖，加入盐、鸡粉，搅拌片刻，使其入味。
10 关火后将煮好的汤盛出装入碗中即可。

**烹饪妙招**

紫菜不宜煮久，以免破坏其营养成分。

# 白萝卜羊脊骨汤

烹饪：66分钟　难易度：★★☆

**原 料** 羊脊骨185克，白萝卜150克，金华火腿50克，香菜、葱段、姜片、八角各少许

**调 料** 盐3克，鸡粉2克，胡椒粉2克，食用油适量

## 做 法

1 白萝卜切块，火腿切成片。锅中注清水，倒入羊脊骨，去血水和杂质，捞出沥干。

2 热锅注油，倒入火腿片、姜片、葱段、八角，加清水、羊脊骨、白萝卜大火煮沸后撇去浮沫，转小火煮1小时至熟透。

3 加入盐、鸡粉、胡椒粉，撒上香菜即可。

**烹饪妙招**

氽好水的羊脊骨可再过一次凉水。

# 白萝卜牡蛎汤

烹饪：7分钟　难易度：★☆☆

**原 料** 牡蛎肉100克，白萝卜170克，姜丝、葱花各少许

**调 料** 盐3克，鸡粉2克，料酒、胡椒粉、芝麻油、食用油各适量

## 做 法

1 锅中倒入适量清水烧开，加入少许食用油、姜丝、白萝卜丝、牡蛎肉、料酒。

2 大火烧开转中火煮5分钟，加入盐、鸡粉、胡椒粉、芝麻油，拌匀调味。

3 把煮好的汤盛出，再撒入葱花即可。

**烹饪妙招**

牡蛎入锅煮之前，可将其放入淡盐水中浸泡，以使其吐净泥沙。

好吃又营养

百合味甘、性平，具有润肺止咳、清心安神、清热凉血、美容养颜的功效。

# 百合草莓白藕汤

烹饪：140分钟　难易度：★☆☆

## 原 料

莲藕250克，百合200克，草莓100克

## 调 料

盐2克

## 做 法

1 将百合掰成小片，洗净。
2 用清水浸泡，备用。
3 将草莓去蒂洗净。
4 草莓切成小块。
5 将莲藕去皮洗净。
6 切成块。
7 锅中注入适量清水，放入草莓块。
8 放入莲藕块，煲约2个小时。
9 加入百合，继续煮约10分钟。
10 撒入盐调味即可。

**烹饪妙招**

莲藕一定要清洗干净，以免残留泥沙。

# 排骨玉米莲藕汤

烹饪：123分钟　难易度：★☆☆

**原 料**

排骨块300克，玉米100克，莲藕110克，胡萝卜90克，香菜、姜片、葱段各少许

**调 料**

盐2克，鸡粉2克，胡椒粉2克

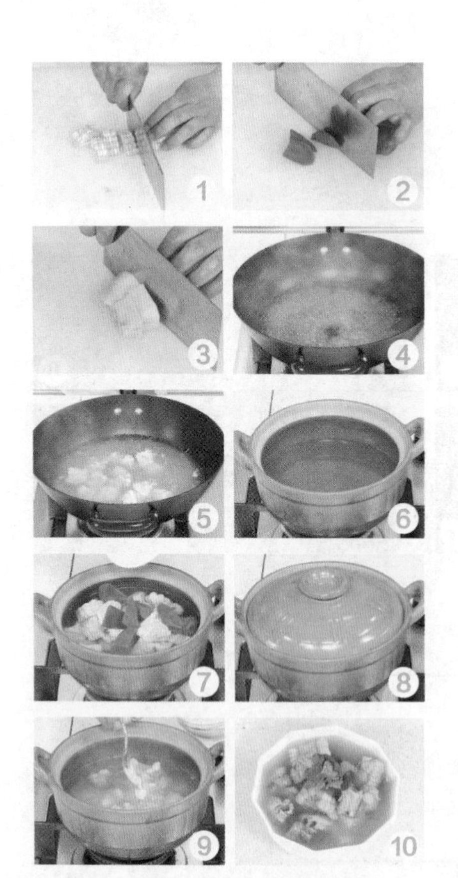

**做 法**

1 处理好的玉米对半切开，切成小块。
2 洗净去皮的胡萝卜切滚刀块。
3 洗净去皮的莲藕对切开，切成块。
4 锅中注入适量清水，大火烧开。
5 倒入洗净的排骨块，搅拌匀，汆掉血水后捞出沥干备用。
6 砂锅中注入适量清水，大火烧热。
7 倒入排骨块、莲藕、玉米、胡萝卜，再加入葱段、姜片，拌匀煮至沸。
8 盖上盖，转小火煮2个小时至食材熟透。
9 掀开盖，加入盐、鸡粉、胡椒粉，搅拌调味。
10 关火后将煮好的汤盛出装入碗中，放上香菜即可。

**烹饪妙招**

玉米含有蛋白质、矿物质、维生素、叶黄素等成分，具有美容瘦身、健脾益胃等功效。

# 火夹冬瓜汤

烹饪：30分钟　难易度：★★★

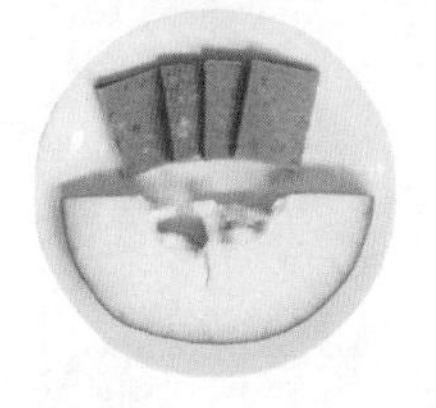

## 原料

冬瓜500克，火腿100克

## 调料

盐2克，胡椒粉1克，鸡粉1克，清汤500毫升

## 做法

1 将冬瓜去皮。
2 冬瓜去瓤，洗净。
3 将冬瓜切成厚的连刀片。
4 将冬瓜片入沸水锅中。
5 略煮捞出。
6 将火腿片嵌在冬瓜夹片中间，并排扣在碗内。
7 在碗内稍撒些盐。
8 撒入胡椒粉。
9 添入清汤。
10 上屉蒸约20分钟取出即成。

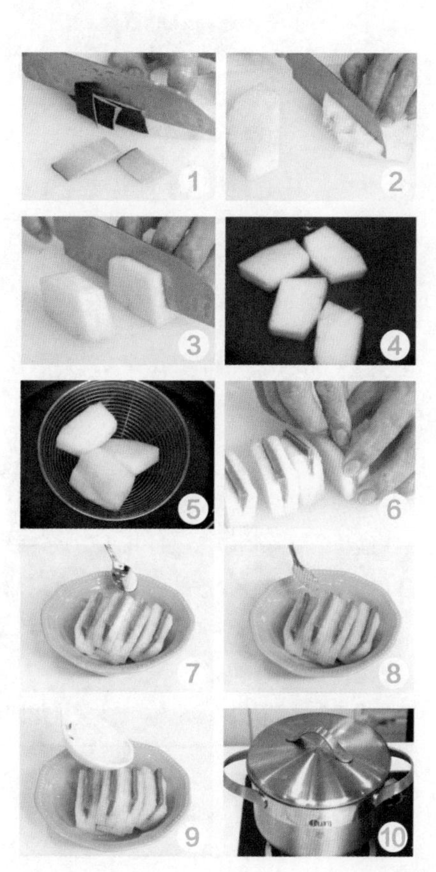

**烹饪妙招**

冬瓜片不要切的过薄，以防止蒸熟后破碎。

# 蹄花冬瓜汤

烹饪：1~3小时　难易度：★☆☆

**原料** 猪蹄块250克，水发花生米30克，冬瓜块80克，高汤适量

**调料** 盐2克

**做法**

1 锅中注水烧热，倒入猪蹄块，汆去血水，捞出，过凉水。

2 锅中注高汤，大火烧开，倒入冬瓜块、猪蹄、花生米烧开后用中火煮1~3小时。

3 加入少许盐，将煮好的冬瓜猪蹄汤盛出，装入碗中即可。

**烹饪妙招**

冬瓜最好不要去皮，清热效果会更好。

# 猴头菇冬瓜汤

烹饪：9分30秒　难易度：★☆☆

**原料** 水发猴头菇70克，冬瓜200克，猪瘦肉170克，姜片、葱花各少许

**调料** 盐3克，鸡粉3克，水淀粉4毫升，食用油适量

**做法**

1 猪瘦肉、冬瓜、猴头菇都切片。肉片加盐、鸡粉、水淀粉、食用油腌10分钟。

2 锅中注水烧开，放盐、鸡粉、食用油、姜片、猴头菇、冬瓜用中火煮8分钟，倒入肉片，使食材熟透、入味。

3 撇去汤中浮沫，盛出碗中，撒葱花即可。

**烹饪妙招**

冬瓜可不去皮，利尿功效更好。

烹饪妙招

栗子剥去外壳后，将其置于冷水中浸泡30分钟，使内皮容易脱落。

# 栗香丝瓜汤

烹饪：15分钟　难易度：★☆☆

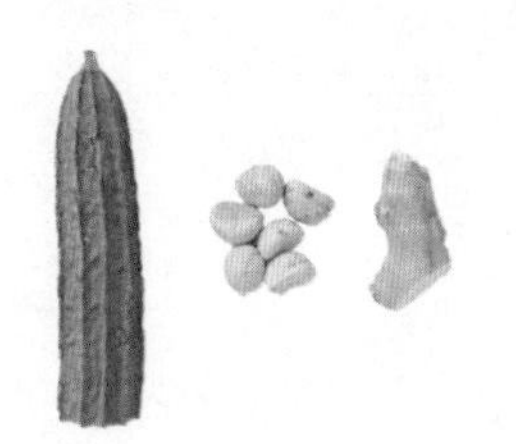

**原 料**

丝瓜50克，栗子20克，姜适量

**调 料**

盐2克，食用油适量

**做 法**

1 将栗子去皮洗净。
2 将丝瓜洗净去皮。
3 将丝瓜切成薄片。
4 将姜洗净切片。
5 锅中添入适量水。
6 放入丝瓜片。
7 加入姜片一同煮沸，再转用小火略煮。
8 加入栗子，煮开。
9 加盐调味。
10 加入食用油，稍煮一会，出锅即可。

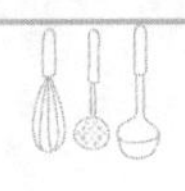

**烹饪妙招**

丝瓜皮的营养较多，可以不用去皮。

# 竹荪莲子丝瓜汤

烹饪：26分钟　难易度：★☆☆

## 原 料

丝瓜120克，玉兰片140克，水发竹荪80克，水发莲子120克，高汤300毫升

## 调 料

盐、鸡粉各2克

## 做 法

1 洗好的竹荪切段。
2 玉兰片切成小段。
3 洗净的丝瓜切成滚刀块，备用。
4 砂锅中注入适量清水烧热，倒入高汤，拌匀。
5 放入莲子、玉兰片。
6 盖上盖，用中火煮约10分钟。
7 揭开盖，倒入丝瓜、竹荪，拌匀。
8 再盖上盖，用小火续煮约15分钟至食材熟透。
9 揭开盖，加入适量盐、鸡粉，拌匀调味。
10 关火后盛出煮好的汤料即可。

烹饪妙招

蛋清先用少许芝麻油拌匀后再倒入锅中，这样蛋汤的清香味会更浓。

# 芙蓉菌菇丝瓜汤

烹饪：3分30秒　难易度：★☆☆

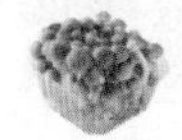

**原 料**

丝瓜130克，胡萝卜90克，蟹味菇85克，香菇80克，白玉菇75克，鸡蛋1个

**调 料**

盐、鸡粉各2克，芝麻油适量

**做 法**

1 洗净去皮的丝瓜切滚刀块。
2 洗好的蟹味菇切除老茎，白玉菇切除根部。
3 洗好的胡萝卜切成粗丝。
4 洗净的香菇切片，再切丝。
5 鸡蛋取蛋清，装入碗中。
6 锅中注水烧开，倒入胡萝卜、蟹味菇、香菇、白玉菇。
7 淋入少许芝麻油，用中火续煮约2分钟，至食材八成熟。
8 撇去浮沫，倒入丝瓜块，拌煮一会儿，加入少许盐、鸡粉，搅匀调味。
9 倒入蛋清，轻轻搅拌，至液面浮现蛋花。
10 淋入少许芝麻油，续煮一会儿，至汤汁入味即可。

# 三鲜苦瓜汤

烹饪：20分钟　难易度：★★☆

## 原 料

苦瓜300克，鲜香菇、冬笋各100克

## 调 料

盐2克，鸡粉1克，鲜汤500毫升，食用油适量

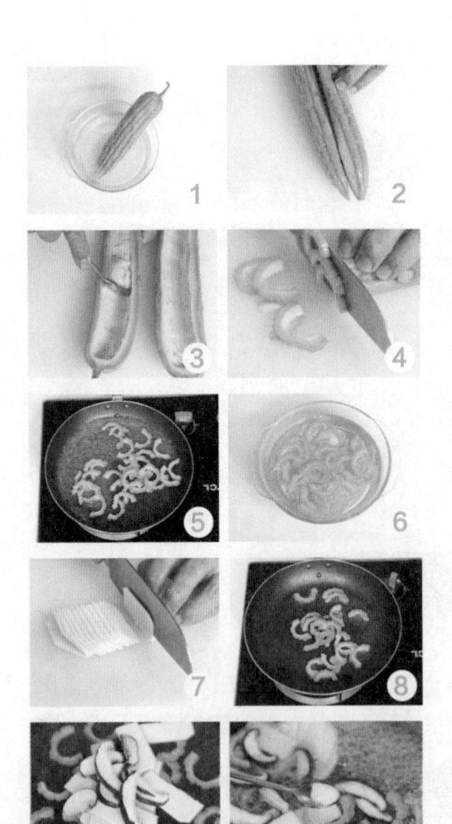

## 做 法

1 将苦瓜洗净。
2 将苦瓜顺切成两半。
3 挖去瓜瓤。
4 切成薄片。
5 将苦瓜片放入沸水锅中焯烫。
6 捞出苦瓜片，放凉水中浸凉。
7 将鲜香菇洗净去蒂，片成薄片；将冬笋洗净去壳，切成薄片。
8 炒锅注入食用油烧热，放入苦瓜片略炒，注入鲜汤煮开。
9 加入冬笋片、香菇片煮至酥软。
10 撒入盐、鸡粉调味，起锅倒入汤碗即可。

**烹饪妙招**

去掉苦瓜的瓜瓤，可有效除去苦瓜的苦味。

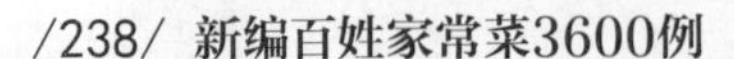

# 鲫鱼苦瓜汤

烹饪：7分钟　难易度：★☆☆

**原 料**

净鲫鱼400克，苦瓜150克，姜片少许

**调 料**

盐2克，鸡粉少许，料酒3毫升，食用油适量

**做 法**

1 将洗净的苦瓜对半切开，去瓤。
2 再切成片，待用。
3 用油起锅，放入姜片，用大火爆香。
4 再放入鲫鱼，用小火煎一会儿，转动炒锅，煎出焦香味。
5 翻转鱼身，用小火再煎一会儿，至两面断生。
6 淋上少许料酒，再注入适量清水。
7 加入鸡粉、盐，放入苦瓜片。
8 盖上锅盖，用大火煮约4分钟，至食材熟透。
9 取下锅盖，搅动几下。
10 盛出煮好的鲫鱼苦瓜汤，放在碗中即可。

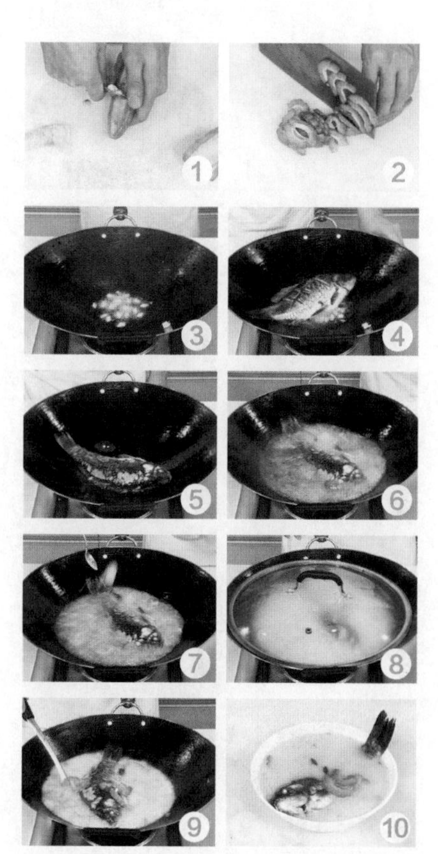


**烹饪妙招**

煎鲫鱼时，油可多放一点，这样能避免将鱼肉煎老了。

# 苦瓜黄豆排骨汤

烹饪：56分钟　难易度：★★☆

## 原料

苦瓜200克，排骨300克，水发黄豆120克，姜片5克

## 调料

盐2克，鸡粉2克，料酒20毫升

## 做法

1 洗好的苦瓜对半切开，去籽，切成段。
2 锅中注水烧开，倒入排骨、料酒，汆去血水。
3 捞出汆煮好的排骨，沥干水分，待用。
4 砂锅中注入适量清水，放入洗净的黄豆，盖上盖，煮至沸腾。
5 揭开盖，倒入汆过水的排骨，放入姜片，淋入少许料酒，搅匀提鲜。
6 盖上盖，用小火煮40分钟，至排骨酥软。
7 揭开盖，放入切好的苦瓜，再盖上盖，用小火煮15分钟。
8 揭盖，加入适量盐、鸡粉。
9 拌匀，煮1分钟至全部食材入味。
10 关火后盛出煮好的汤料，装入汤碗即可。

**烹饪妙招**

可先将黄豆泡一晚上再煮，这样可以节省烹饪的时间。

**烹饪妙招**

南瓜蒸熟后较容易打成泥，魔芋可煮久一些，使其更加入味。

# 魔芋南瓜汤

烹饪：30分钟　难易度：★★☆

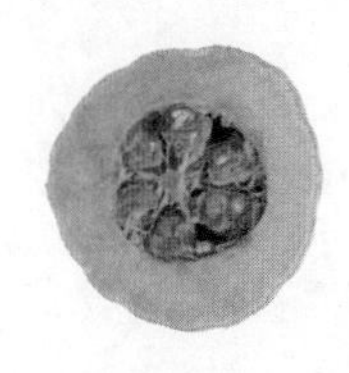

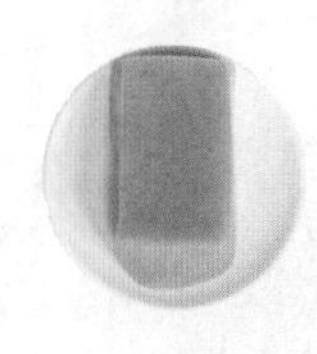

## 原 料

南瓜250克，魔芋条150克

## 调 料

盐2克，白糖2克，鸡粉适量

## 做 法

1 将南瓜洗净，去皮、去籽。
2 将南瓜切成块。
3 魔芋切条。
4 南瓜块装碗，上蒸笼蒸熟。
5 取出，倒入搅拌机搅打成泥。
6 锅中添入适量清水煮开。
7 放入南瓜泥。
8 放入魔芋条略煮。
9 撒入盐。
10 撒入白糖、鸡粉搅匀即可。

◎

好吃又营养

南瓜营养丰富，能润肺益气、治咳止喘，还有美容功效。本道汤品味道鲜美，口感润滑，热量低。

# 南瓜甜椒汤

烹饪：30分钟　难易度：★★☆

## 原料

南瓜500克，甜椒100克

## 调料

盐2克，食用油适量

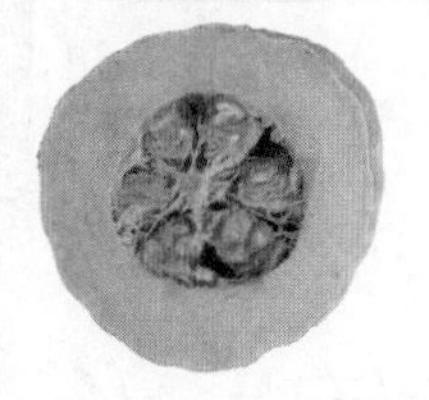

## 做法

1 将南瓜洗净，去皮。
2 去瓤。
3 切成粗丝。
4 南瓜丝加入适量清水。
5 加入盐，腌2分钟，沥干。
6 将甜椒洗净。
7 切成粗丝。
8 炒锅注入食用油烧热，加入甜椒丝、盐略炒。
9 放入南瓜丝稍炒，添入适量清水煮开。
10 煮至南瓜丝断生，撇去浮沫，盛入碗中即可。

**烹饪妙招**

炒南瓜时不要加太多油，口感清淡为宜。

烹饪妙招

莲子一定要用凉水泡软再煮，不可以用温水或热水。

# 润燥南瓜汤

烹饪：140分钟 难易度：★☆☆

## 原料

南瓜1个，莲子50克，巴戟天25克，老姜适量

## 调料

盐2克，冰糖适量

## 做法

1 将南瓜洗净，姜切片。
2 将洗净的南瓜去皮。
3 将南瓜切成块。
4 将莲子洗净，用清水泡软。
5 将巴戟天洗净。
6 锅中添入适量水煮开。
7 将南瓜块、莲子放入开水锅中。
8 加入巴戟天、老姜片，小火煮约2个小时。
9 加入冰糖，大火煮10分钟。
10 加入盐调味即可。

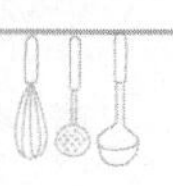

**烹饪妙招**

西蓝花可先浸泡在清水中片刻，能更好地洗净。

# 南瓜蔬菜浓汤

烹饪：4分钟　难易度：★★☆

### 原料

南瓜135克，西蓝花45克，洋葱35克，口蘑20克，西芹15克

### 调料

白糖2克，橄榄油、盐、鸡粉各适量

### 做法

1 南瓜切成片，洋葱切成丝。
2 西蓝花切小朵，口蘑切片，西芹切细条。
3 锅中注入清水，大火烧开。
4 倒入西芹、部分洋葱，放入口蘑、西蓝花，汆煮片刻。
5 加入适量盐，搅拌匀，煮至断生后捞出，沥干水分，待用。
6 锅中倒入橄榄油、洋葱炒香，加南瓜片翻炒片刻，注清水。
7 大火煮开后转小火煮15分钟，将煮好的汤盛入碗中。
8 汤倒入榨汁机中，打碎。
9 奶锅置火上，倒入汤，煮沸，再倒入汆煮好的食材，搅拌片刻。
10 加入盐、白糖、鸡粉，搅拌调味即可。

# 山楂灵芝香菇汤

烹饪：22分钟　难易度：★★☆

## 原料

猪瘦肉100克，山楂85克，鲜香菇50克，灵芝3克

## 调料

盐、鸡粉各少许

## 做法

1 将洗净的山楂去除头尾，再切开。
2 去除核，改切成小块。
3 洗净的香菇切成片。
4 洗净的猪瘦肉切条，再切成丁，备用。
5 砂锅中注入适量清水烧开，倒入洗净的灵芝，放入香菇片。
6 倒入切好的山楂，搅拌匀，再放入瘦肉丁，轻轻搅拌一会儿，使材料散开。
7 盖上盖，烧开后用小火煮约20分钟，至食材熟透。
8 揭盖，加入少许盐、鸡粉，拌匀调味。
9 转中火，续煮片刻，至汤汁入味。
10 关火后盛出煮好的汤料，装入汤碗中即成。

**烹饪妙招**

将灵芝用隔渣袋包好后再使用，能减少汤汁的杂质。

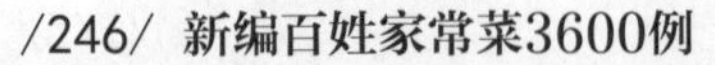

**烹饪妙招**

鸡汁味道鲜浓，放入的量不宜过多，以免盖住了鸡腿本身的鲜味。

# 香菇鸡腿汤

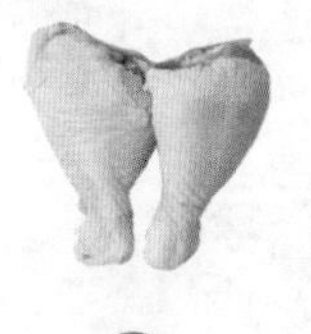

烹饪：21分30秒 难易度：★★☆

**原 料**

鸡腿100克，鲜香菇40克，胡萝卜25克

**调 料**

盐2克，料酒4毫升，鸡汁、食用油各适量

**做 法**

1 胡萝卜切成片，香菇切粗丝，鸡腿斩成小件。
2 锅中注清水烧开，倒入的鸡腿，煮约1分钟，氽去血渍。
3 再捞出鸡腿，沥干水分，待用。
4 用油起锅，放香菇丝翻炒。
5 再倒入氽过水的鸡腿，翻炒匀，淋入少许料酒。
6 再注入适量清水，放入胡萝卜片。
7 搅拌几下，使食材匀散开，倒入少许鸡汁。
8 再加入盐，拌匀调味。
9 煮沸后用小火续煮约20分钟至全部食材熟透。
10 取下盖子，略微搅拌，关火后盛出煮好的汤料，放在碗中即成。

# 奶油蘑菇汤

烹饪：20分钟　难易度：★★☆

## 原 料

口蘑90克，洋葱30克，黄油40克，淡奶油70克

## 调 料

白兰地5毫升，盐2克，白糖2克，鸡粉少许

## 做 法

1 口蘑切片，洋葱切丝。
2 奶锅中倒入黄油，搅拌至融化。
3 倒入洋葱丝、口蘑片，翻炒出香味。
4 淋上白兰地，注入适量清水，搅拌匀。
5 盖上盖，大火煮开后转小火煮15分钟。
6 揭开盖，关火后将汤盛出装入碗中，待用。
7 备好榨汁机，倒入煮好的汤，盖上盖，调转旋钮至2档，将食材打碎。
8 揭开盖，将汤倒入碗中，待用。
9 奶锅置火上，倒入汤煮开，加入盐、白糖、鸡粉，搅拌调味。
10 倒入备好的淡奶油，边煮边搅拌，关火后盛出装碗即可。

**烹饪妙招**

白兰地可事先煮沸去除酒精后再烹煮，口感会更好。

**烹饪妙招**

干银耳宜用温水泡发，去除黄色根部，以免影响口感。

# 胡萝卜银耳汤

烹饪：36分钟　难易度：★★☆

## 原 料

胡萝卜200克，水发银耳160克

## 调 料

冰糖30克

## 做 法

1 将洗净去皮的胡萝卜对半切开，切滚刀块。
2 洗好的银耳切去根部，再切成小块。
3 砂锅中注入适量清水烧开。
4 放入胡萝卜块。
5 倒入切好的银耳。
6 盖上盖，用大火煮沸后转小火炖30分钟，至银耳熟软。
7 揭开盖，加入少许冰糖，搅拌匀。
8 盖上盖，用小火再炖煮约5分钟，至冰糖完全溶化。
9 揭盖，略微搅拌，关火后盛出煮好的银耳汤。
10 装入汤碗中即可。

烹饪妙招

排骨的个头可大一些，煮好后汤汁会更鲜美。

# 冬瓜银耳排骨汤

烹饪：122分钟 难易度：★★☆

## 原 料

冬瓜300克，排骨段200克，水发银耳55克，玉竹15克，干百合20克，水发薏米25克，水发芡实30克，茯苓、淮山、桂圆肉各适量，姜片、葱段各少许

## 调 料

盐2克

## 做 法

1 将洗净的冬瓜切块。
2 锅中注入适量清水烧开，倒入洗净的排骨段，拌匀。
3 汆煮约2分钟，去除血渍，捞出材料，沥干水分，待用。
4 砂锅中注清水烧开，倒入汆好的排骨段，放入冬瓜块。
5 倒入洗净的芡实、薏米，放入备好的淮山、茯苓和桂圆肉。
6 撒上玉竹、干百合。
7 放入银耳、姜片、葱段。
8 盖上锅盖，烧开后转小火煮约120分钟，至食材熟透。
9 揭开锅盖，加入少许盐，拌匀调味，改中火略煮，至汤汁入味。
10 关火后盛出煮好的排骨汤，装在碗中即可。

# 粉肠莲子枸杞汤

烹饪：63分钟　难易度：★★☆

## 原料

猪小肠300克，鸡爪350克，水发莲子100克，党参25克，红枣15克，枸杞子8克，姜片少许

## 调料

料酒20毫升，盐、鸡粉各2克

## 做法

1 猪小肠切段；鸡爪切去爪尖，斩成小块。
2 锅中注入适量清水烧开，加入适量料酒。
3 放入鸡爪、猪小肠，煮沸，氽去血水。
4 把氽煮好的鸡爪和小肠捞出，沥干水分。
5 砂锅中注入适量清水烧开，放入莲子，加入党参、红枣、枸杞子，撒入姜片。
6 倒入氽过水的鸡爪和小肠，淋入少许料酒。
7 盖上盖，用小火煮1小时，至食材熟透。
8 揭开盖子，放入少许盐、鸡粉。
9 用勺搅拌片刻，煮至食材入味。
10 揭盖，关火后盛出汤料，装入碗中即可。

**烹饪妙招**

枸杞子不宜放太多，否则汤会有酸味。

# 莲蓉奶羹

烹饪：60分钟　难易度：★★★

## 原 料

莲子300克，牛奶250毫升，江米25克

## 调 料

碱、白糖各适量

## 做 法

1 将江米淘洗净，用清水浸泡。
2 将莲子放入碗内。
3 适量开水加碱融化。
4 取1/3碱水，倒入放莲子的碗内。
5 照此方法洗3次，脱净莲衣，将莲子用清水洗净。
6 锅内添入适量清水。
7 加白糖煮滚。
8 放入莲子煮烂。
9 将莲子、江米、牛奶倒入搅拌机中一起磨成莲蓉。
10 将莲蓉缓缓倒入锅中，煮匀出锅即可。

**烹饪妙招**

用牙签挑去莲子的心，避免味道苦涩。

# 家常三鲜豆腐汤

烹饪：5分钟　难易度：★★☆

## 原料

胡萝卜片50克，豆腐块150克，上海青45克，香菇30克，虾米15克，葱花少许

## 调料

盐、鸡粉各3克，胡椒粉2克，料酒、芝麻油、食用油各适量

## 做法

1 锅中注入适量清水烧开，加入少许盐，搅拌匀使其溶化。
2 倒入洗净切好的豆腐块，搅拌均匀，煮约1分钟。
3 捞出焯煮好的豆腐，装盘备用。
4 热锅中注入适量食用油，放入虾米、香菇，炒香。
5 锅中加入适量清水，放入胡萝卜、豆腐，搅拌均匀。
6 加入少许盐、鸡粉，淋入适量料酒，拌匀调味。
7 盖上盖，煮至沸。
8 揭开盖，倒入洗净的上海青，搅拌匀。
9 加入少许胡椒粉，淋入适量芝麻油，拌匀，煮约1分钟至食材熟透。
10 搅拌均匀，盛出即可。

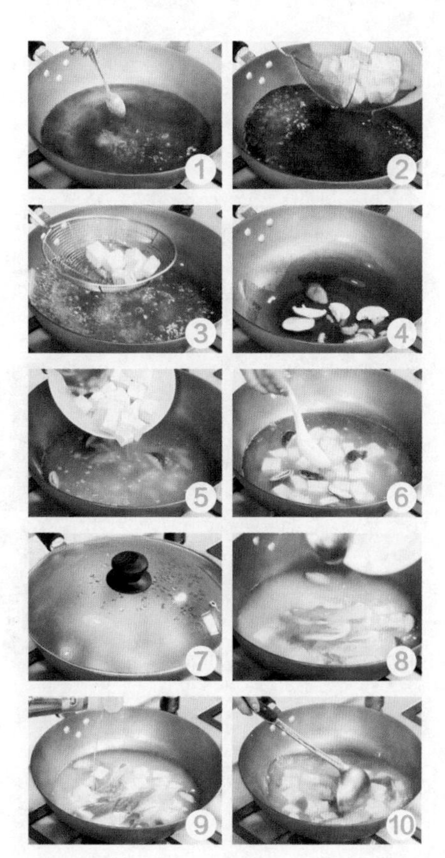

**烹饪妙招**

上海青易熟，烹饪时间不要太长，煮至熟软即可。

**烹饪妙招**

豆腐中含水量较高，嫩滑易碎，切制和烹调时尽量轻一些，以免将豆腐弄得碎烂。

# 酸辣汤

烹饪：25分钟　难易度：★★★

## 原料

豆腐100克，冬菇、火腿各50克，鱿鱼、猪瘦肉、鸡蛋各50克，葱花少许

## 调料

水淀粉5克，盐2克，胡椒粉少许，酱油、醋、鸡汤、食用油各适量

## 做法

1 将豆腐、冬菇、鱿鱼、火腿分别切成细丝。
2 将葱洗净，切成葱花。
3 将猪瘦肉切成细丝，焯熟捞出放入锅内。
4 锅内注入清汤。
5 将豆腐丝、冬菇丝、鱿鱼丝一起放入锅内。
6 撒适量盐，淋酱油烧沸。
7 撇去浮沫，用水淀粉勾芡。
8 将鸡蛋打散，加入汤中。
9 将火腿丝、胡椒粉、醋、食用油、葱花放入汤碗内。
10 将汤盛入碗内即可。

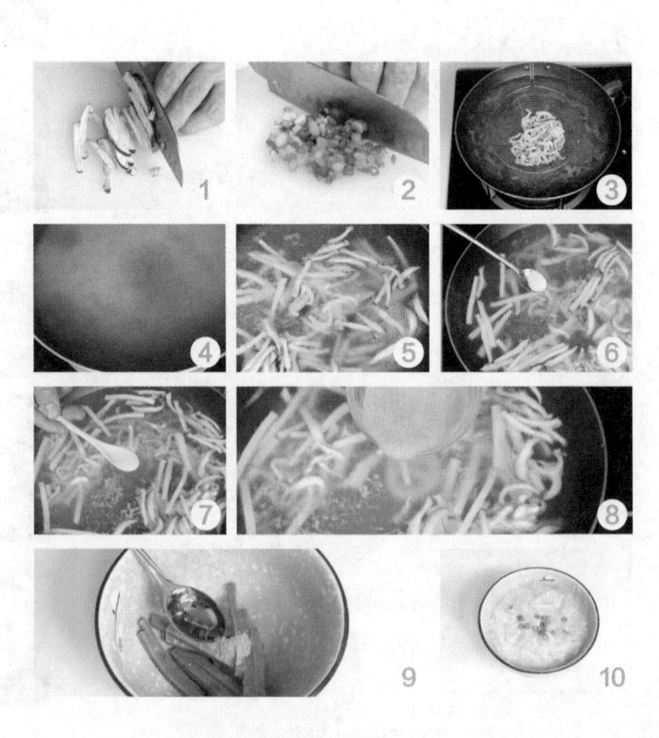

# 蚕豆瘦肉汤

烹饪：42分钟　难易度：★☆☆

**原料** 水发蚕豆220克，猪瘦肉120克，姜片、葱花各少许

**调料** 盐、鸡粉各2克，料酒6毫升

**做法**

1 锅中注清水烧开，倒入瘦肉丁，淋入少许料酒，汆去血水，捞出，沥干水分。
2 锅中注清水，倒入瘦肉丁、姜片、蚕豆、料酒，小火煮至食材熟透；加入盐、鸡粉，中火煮至入味。
3 将煮好的汤料装入碗中，撒上葱花即成。

**烹饪妙招**
瘦肉丁可切大些，口感更佳。

# 玉竹冬瓜瘦肉汤

烹饪：7分钟　难易度：★☆☆

**原料** 猪瘦肉270克，玉竹15克，姜片少许，冬瓜300克

**调料** 盐、鸡粉各2克，水淀粉4毫升，食用油适量

**做法**

1 冬瓜切薄片；猪瘦肉切片，加入盐、鸡粉、水淀粉、食用油，腌渍10分钟。
2 锅中注清水烧开，倒入玉竹、姜片、冬瓜，淋入少许食用油，用中火煮约5分钟，放入肉片，煮至变色。
3 加入盐、鸡粉，续煮至食材入味即可。

**烹饪妙招**
猪瘦肉可先汆煮一下再煮汤。

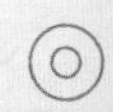

好吃又营养

卷心菜含有丰富的维生素C，还具有补虚、利湿、清热的功效。

# 卷心菜瘦肉汤

烹饪：40分钟　难易度：★★☆

**原料**

白萝卜300克，卷心菜200克，猪瘦肉150克，姜适量

**调料**

盐3克，芝麻油适量

**做法**

1 将猪瘦肉洗净切片。
2 卷心菜撕块。
3 将白萝卜洗净切块。
4 姜切片。
5 锅中放入卷心菜块、白萝卜块。
6 放入猪瘦肉片。
7 加入姜片。
8 加入清水，大火煮沸。
9 改用小火煲约2小时，加入盐调味。
10 淋入芝麻油即可。

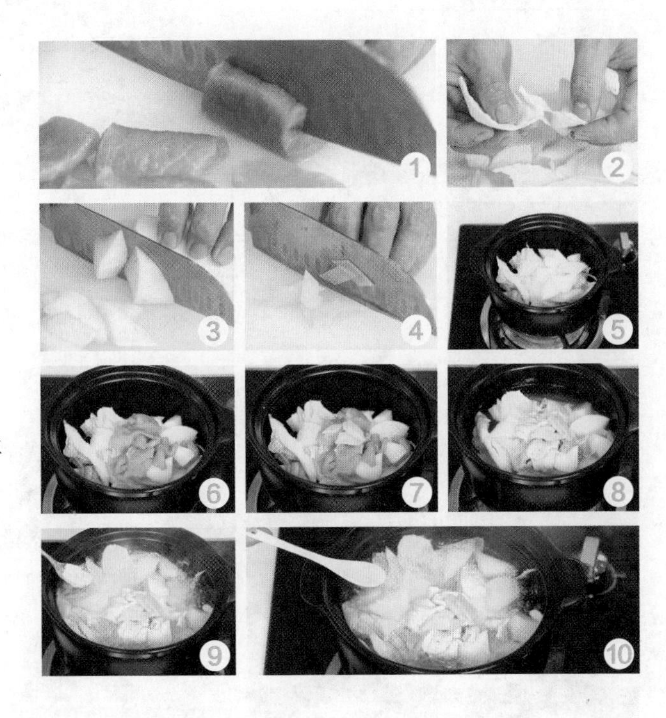

**烹饪妙招**

瘦肉可以提前腌渍，这样味道会更鲜嫩。

# 西芹茄子瘦肉汤

烹饪：80分钟　难易度：★☆☆

## 原 料

茄子200克，猪瘦肉、西芹各150克，红枣4个，姜适量

## 调 料

盐2克

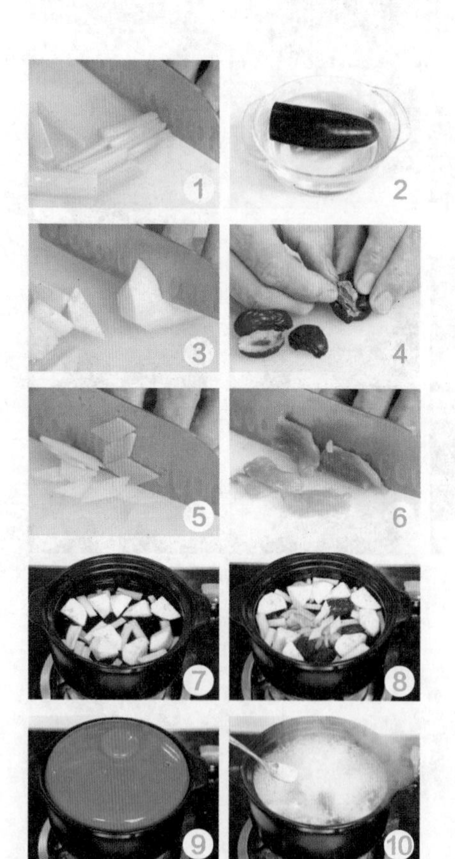

## 做 法

1 将西芹择洗净，切段。
2 茄子洗净。
3 茄子去皮，切块。
4 红枣去核，洗净。
5 姜切片。
6 将猪瘦肉洗净切片。
7 锅中添适量开水，放入西芹段、茄子块。
8 加入红枣、猪瘦肉片、姜片，大火煮沸。
9 转中火煮约1小时。
10 加盐调味，装碗即可。

**烹饪妙招**

茄子切开后容易氧化，应放入水中浸泡，避免变色。

烹饪妙招

汤煮好后可加入少许胡椒粉，更能促进食欲。

# 虾米冬瓜花菇瘦肉汤

烹饪：125分钟　难易度：★☆☆

## 原料

冬瓜300克，水发花菇120克，瘦肉200克，虾米50克，姜片少许

## 调料

盐1克

## 做法

1 洗净的冬瓜切块；瘦肉切大块；花菇去柄。
2 沸水锅中倒入切好的瘦肉。
3 汆煮一会儿，去除血水及脏污。
4 捞出汆好的瘦肉，装盘待用。
5 再往锅中倒入切好的花菇，汆煮一会儿至断生。
6 捞出汆好的花菇，装盘待用。
7 砂锅注水，倒入汆好的瘦肉。
8 放入汆好的花菇、冬瓜块，放入虾米，加入姜片，拌匀。
9 加盖，用大火煮开后转小火续煮2小时至入味。
10 揭盖，加入盐，拌匀即可。

**烹饪妙招**

红枣切开后再炖煮，更容易析出其营养物质。

# 萝卜排骨汤

烹饪：47分钟　难易度：★★☆

## 原 料

排骨段400克，白萝卜300克，红枣35克，姜片、葱花各少许

## 调 料

盐、鸡粉各2克，胡椒粉少许，料酒7毫升

## 做 法

1 白萝卜切成小块，备用。
2 锅中注适量清水烧开，倒入洗净的排骨段，淋入少许料酒。
3 拌匀，煮约半分钟，氽去血渍后捞出，沥干水分，待用。
4 砂锅中注入适量清水烧开，倒入氽过水的排骨段。
5 撒上姜片，放入洗净的红枣，淋入少许料酒提味。
6 盖上盖，煮沸后转小火炖煮约30分钟，至食材熟软。
7 揭盖，倒入切好的白萝卜。
8 再盖好盖，用小火续煮约15分钟，至食材熟透。
9 揭盖，加入少许盐、鸡粉，撒上适量胡椒粉。
10 搅匀调味，再煮片刻，至汤汁入味即可。

# 玉米排骨汤

烹饪：60分钟　难易度：★★☆

**原料** 玉米段200克，排骨200克，姜片、葱花、葱段各少许

**调料** 料酒8毫升，盐2克

**做法**

1 锅中注清水烧热，倒入排骨、少许料酒，汆去血水；焯好的排骨捞出，沥干水分。

2 锅中注清水烧开，倒入玉米、排骨、姜片、葱段；盖上盖，小火煮至熟透，加入盐。

3 搅拌片刻，使食材入味，将煮好的汤盛出装入碗中，撒上葱花即可。

**烹饪妙招**

排骨汆水时间不要太差，以免煮出来影响口感。

# 薏米莲藕排骨汤

烹饪：182分钟　难易度：★★☆

**原料** 去皮莲藕200克，水发薏米150克，排骨块300克，姜片少许

**调料** 盐2克

**做法**

1 洗净的去皮莲藕切块。

2 锅中注清水烧开，倒入排骨块，汆煮片刻，捞出，沥干水分，装盘待用。

3 砂锅中注入清水，倒入排骨块、莲藕、薏米、姜片，大火煮开转小火煮3小时。

4 加入盐，搅拌片刻至入味，盛出即可。

**烹饪妙招**

排骨先汆一下水再煮，可使汤汁的口感更佳。

好吃又营养
这道汤能健胃消食、疏郁理气，还有增强食欲、易于消化的功效。

# 香菜黄豆排骨汤

烹饪：200分钟　难易度：★★☆

## 原料

猪肋排300克，黄豆100克，香菜20克，姜适量

## 调料

盐2克

## 做法

1 将黄豆用清水浸泡半小时，洗净。
2 将猪肋排切段。
3 将猪肋排放入沸水锅中。
4 汆烫5分钟，捞出洗净。
5 将香菜洗净，切段。
6 姜切片。
7 锅内添适量水煮沸，放入黄豆、香菜段。
8 放入姜片。
9 放入猪肋排段，慢火煲3小时。
10 撒盐调味即可。

烹饪妙招

香菜能起到祛除腥膻、增强味道的独特功效。

# 黄豆芽排骨汤

烹饪：62分钟　难易度：★★☆

## 原料

排骨70克，胡萝卜块、白萝卜块各40克，芹菜茎碎末20克，黄豆芽8克，葱花、姜片各少许

## 调料

盐2克

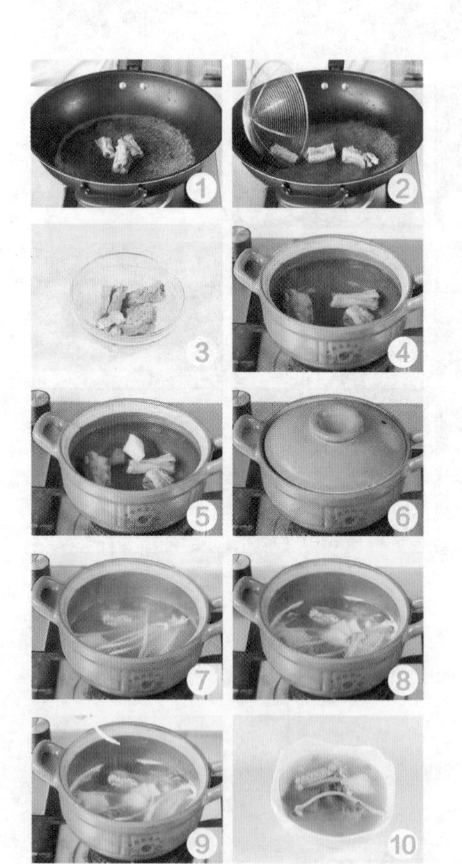

## 做法

1 沸水锅中倒入洗净的排骨。
2 汆煮一会儿，至去除血水和脏污。
3 捞出汆好的排骨，沥干水分， 装碗待用。
4 砂锅注水，倒入汆好的排骨。
5 放入备好的白萝卜块和胡萝卜块。
6 加盖，用大火煮开后转小火续煮1小时至食材熟软。
7 揭盖，倒入洗净的黄豆芽。
8 放入姜片。
9 加入盐，搅匀调味。
10 关火后盛出煮好的汤，装入碗中，撒上芹菜末和葱花即可。

**烹饪妙招**

掠去汤表面的浮沫，以免影响汤的口感。

# 虫草山药排骨汤

烹饪：41分钟　难易度：★★☆

**原 料**

排骨400克，虫草3根，红枣20克，枸杞8克，姜片15克，山药200克

**调 料**

盐2克，鸡粉2克，料酒16毫升

**做 法**

1 洗净去皮的山药切块，再切条，改切成丁。
2 锅中注入适量清水烧开，倒入洗净的排骨。
3 加入适量料酒，煮至沸，氽去血水。
4 捞出氽煮好的排骨，沥干水分，待用。
5 砂锅中注入适量清水烧开，放入洗净的红枣、枸杞、虫草，撒入姜片。
6 加入氽过水的排骨，倒入山药丁，盖上盖，煮至沸。
7 再揭开盖，淋入少许料酒。
8 盖上盖，用小火煮40分钟，至食材熟透。
9 揭盖，放入少许盐、鸡粉。
10 用勺拌匀调味即可。

**烹饪妙招**

山药丁可以切得大一些，以免煮烂。

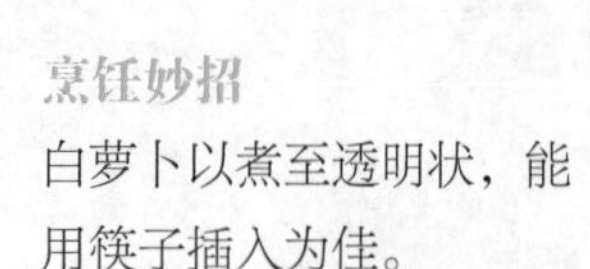

**烹饪妙招**

白萝卜以煮至透明状，能用筷子插入为佳。

# 红枣白萝卜猪蹄汤

白萝卜200克，猪蹄400克，红枣20克，姜片少许

**调 料**

盐2克，鸡粉2克，料酒16毫升，胡椒粉2克

**做 法**

1 白萝卜成小块。
2 锅中注入适量清水烧开，倒入洗好的猪蹄。
3 淋入适量料酒，拌匀，至煮沸。
4 将汆煮好的猪蹄捞出，沥干水分，待用。
5 砂锅中注入适量清水烧开，倒入汆过水的猪蹄。
6 放入红枣、姜片，淋入少许料酒，搅拌匀。
7 盖上盖，烧开后用小火煮40分钟，至食材熟软。
8 揭开盖子，倒入切好的白萝卜。
9 盖上盖，用小火续煮20分钟，至全部食材熟透。
10 揭开盖，放入适量盐、鸡粉、胡椒粉，搅拌至食材入味即可。

**烹饪妙招**

黄花菜最好是先焯烫熟后，再用凉水浸泡2个小时以上。

# 黄花木耳猪蹄汤

烹饪：75分钟　难易度：★★☆

**原 料**

猪蹄350克，黄花菜、木耳各25克，姜适量

**调 料**

盐、胡椒粉各适量

**做 法**

1 将猪蹄刮洗干净，斩成块。
2 姜切片。
3 将猪蹄块放入冷水锅煮沸，捞出洗净。
4 将黄花菜洗净。
5 木耳洗净。
6 锅内注入适量清水，放入姜片、猪蹄块，大火煮沸。
7 转小火煨至肉熟骨脱。
8 加入黄花菜。
9 加入木耳，大火煮沸，煨约10分钟。
10 撒盐、胡椒粉调味即可。

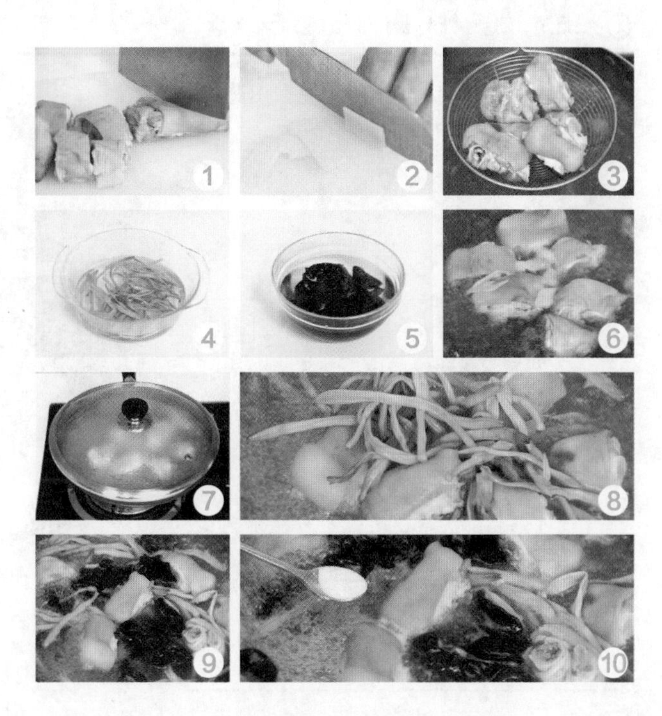

# 海带黄豆猪蹄汤

烹饪：62分钟　难易度：★★☆

原料　猪蹄500克，水发黄豆100克，海带80克，姜片40克

调料　盐、鸡粉各2克，胡椒粉少许，料酒6毫升，白醋15毫升

### 做法

1. 将洗净的猪蹄斩成小块，放入热水中，焯烫一下，捞出待用。海带切成小块。
2. 砂锅中注清水烧开，放入姜片、黄豆、猪蹄、海带，淋入料酒。
3. 小火煲煮1小时，加鸡粉、盐、少许胡椒粉，再煮片刻，至汤汁入味即可。

**烹饪妙招**

黄豆泡发6小时以上，更易熟。

# 山药板栗猪蹄汤

烹饪：120分钟　难易度：★★☆

原料　猪蹄500克，板栗150克，山药、姜片各少许

调料　盐3克

### 做法

1. 锅中注清水烧开，倒猪蹄，搅拌片刻去除血水杂质，将猪蹄捞出，沥干水分待用。
2. 锅中注清水烧热，倒入猪蹄、山药、板栗、姜片，盖上锅盖，烧开后转小火煮2个小时，撇去汤面的浮沫。
3. 加入少许盐，搅匀调味即可。

**烹饪妙招**

板栗浸泡后能快速去除衣膜。

# 金银花茅根猪蹄汤

烹饪：100分钟　难易度：★★☆

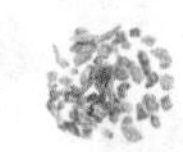

## 原料

猪蹄块350克，黄瓜200克，金银花、白芷、桔梗、白茅根各少许

## 调料

盐2克，鸡粉2克，白醋4毫升，料酒5毫升

## 做法

1 洗好的黄瓜切段，再切开，去瓤，改切成小段。
2 锅中注入适量清水烧开，倒入猪蹄块。
3 拌匀，汆去血水，淋入少许白醋、料酒，略煮一会儿。
4 捞出猪蹄，沥干水分，待用。
5 砂锅中注入适量清水烧热，倒入备好的金银花、白芷、桔梗、白茅根。
6 盖上盖，用大火煮至沸后揭开盖，倒入猪蹄。
7 再盖上盖，烧开后用小火煲约90分钟。
8 揭开盖，放入黄瓜，加入盐、鸡粉，拌匀调味。
9 盖上盖，用小火续煮约10分钟。
10 揭盖，搅拌均匀即可。

**烹饪妙招**

猪蹄汆好后可再用清水冲洗一下，以去除残留杂质。

# 家常牛肉汤

烹饪：47分钟　难易度：★★☆

## 原料

牛肉200克，土豆150克，西红柿100克，姜片、枸杞、葱花各少许

## 调料

盐、鸡粉各2克，胡椒粉、料酒各适量

## 做法

1 把洗净的牛肉切成牛肉丁，去皮洗净的土豆切成大块，洗好的西红柿切成块。
2 砂煲中注入适量清水，用大火煮沸。
3 放入姜片、洗净的枸杞。
4 倒入牛肉丁，淋入少许料酒，拌匀。
5 用大火煮沸，掠去浮沫。
6 盖上盖，用小火煲煮约30分钟至牛肉熟软。
7 揭盖，倒入切好的土豆、西红柿。
8 再盖上盖，煮约15分钟至食材熟透。
9 揭开盖，加入盐、鸡粉、胡椒粉，拌煮均匀至入味。
10 将煮好的牛肉汤盛出即成。

**烹饪妙招**
西红柿的皮去掉后熬出来的汤味道更好。

# 海带牛肉汤

烹饪：32分钟 难易度：★★☆

原料 牛肉150克，水发海带丝100克，花椒10克，姜片、葱段各少许

调料 鸡粉2克，胡椒粉1克，生抽4毫升，料酒6毫升

做法

1 牛肉切丁，放入沸水锅中烫2分钟，去除血水和脏污，捞出待用。
2 高压锅中注入清水，倒入牛肉丁、姜片、葱段，淋入少许料酒，中火煮30分钟。
3 加入海带丝、生抽、鸡粉、胡椒粉，拌匀即可。

烹饪妙招
拧开锅盖前要先释放蒸汽。

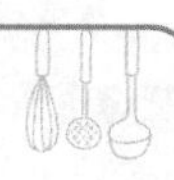

# 清炖牛肉汤

烹饪：152分钟 难易度：★★☆

原料 牛腩块270克，胡萝卜120克，白萝卜160克，葱条、姜片、八角各少许

调料 料酒8毫升

做法

1 胡萝卜切滚刀块；白萝卜切滚刀块。
2 锅中注清水，倒入牛腩块、少许料酒，大火煮2分钟，撇去浮沫后捞出，沥干。
3 锅中注清水烧开，放入葱段、姜片、八角、牛腩块、料酒，小火煲约2小时。
4 倒入胡萝卜、白萝卜，小火续煮30分钟，至食材熟透，装入碗中即成。

烹饪妙招
可放少许茶叶，香味会更浓。

# 黄芪红枣牛肉汤

烹饪：120分钟　难易度：★★☆

**原料** 黄芪红枣牛肉汤汤料包1包（黄芪、花生、红枣、莲子、香菇），牛肉200克，水800~1000毫升

**调料** 盐2克

**做法**

1 莲子泡发1小时，香菇泡发30分钟，黄芪、花生、红枣泡发10分钟。

2 牛肉块汆煮去杂质、血水，捞出沥干。

3 锅中注清水，倒牛肉块、莲子、香菇、黄芪、花生、红枣，小火煲煮2个小时，加盐调味即可。

**烹饪妙招**

牛肉切得小块点，方便食用。

# 奶香牛骨汤

烹饪：123分钟　难易度：★☆☆

**原料** 牛奶250毫升，牛骨600克，香菜20克，姜片少许

**调料** 盐2克，鸡粉2克，料酒适量

**做法**

1 洗净的香菜切段。

2 锅中注清水烧开，倒入洗净的牛骨、料酒，煮至沸，汆去血水，捞出沥干水分。

3 锅中注清水，放入牛骨、姜片、料酒，小火炖2小时，加入盐、鸡粉、牛奶，煮至沸，盛入碗中，放上香菜即可。

**烹饪妙招**

牛奶不宜加热太久，以免破坏其营养。

烹饪妙招

花菇泡发的时间长一些，能增添汤品的风味。

# 鹿茸花菇牛尾汤

烹饪：122分钟　难易度：★★☆

## 原 料

牛尾段300克，水发花菇50克，蜜枣40克，枸杞15克，姜片20克，鹿茸5克，葱花少许

## 调 料

盐3克，鸡粉2克，料酒8毫升

## 做 法

1 将洗净的花菇切小块。
2 锅中注入适量清水烧开。
3 倒入牛尾，淋入少许料酒，用大火煮约半分钟。
4 捞出牛尾段，沥干水分。
5 砂锅中注入适量清水烧开，倒入汆过水的牛尾段。
6 放姜片、枸杞、鹿茸、蜜枣。
7 再倒入切好的花菇，淋入少许料酒。
8 盖上盖，煮沸后用小火煮约2小时，至食材熟透。
9 揭盖，加入少许鸡粉、盐，拌匀调味，用中火续煮片刻，至汤汁入味。
10 盛出煮好的牛尾汤，装入汤碗中，撒上葱花即成。

# 山药羊肉汤

烹饪：43分钟 难易度：★☆☆

原料 羊肉300克，山药块250克，葱段、姜片各少许

做法

1 锅中注清水烧开，倒入羊肉块，煮2分钟，捞出，过冷水。
2 锅中注入适量清水烧开，倒入山药块、葱段、姜片、羊肉，小火炖煮约40分钟。
3 捞出煮好的羊肉切块，装入碗中，浇上锅中煮好的汤水即可。

烹饪妙招
可根据个人口味，适量添加盐调味。

# 菟丝子萝卜羊肉汤

烹饪：82分钟 难易度：★☆☆

原料 羊肉200克，白萝卜300克，菟丝子10克，肉苁蓉10克，陈皮4克，核桃仁15克，姜片少许

调料 料酒20毫升，盐3克，鸡粉3克

做法

1 白萝卜切成丁；羊肉切成丁。
2 羊肉丁加料酒放入热水汆血水，捞出。
3 砂锅中注清水烧开，放入姜片、核桃仁、药材、羊肉、料酒，小火炖煮1小时，放入白萝卜丁，小火续煮20分钟。
4 放入盐、鸡粉，拌匀调味即可。

烹饪妙招
炖煮羊肉，可放山楂除膻味。

# 参蓉猪肚羊肉汤

烹饪：61分钟　难易度：★☆☆

**原料** 羊肉200克，猪肚180克，当归15克，肉苁蓉15克，姜片、葱段各适量

**调料** 盐2克，鸡粉2克

**做法**

1 猪肚切成小块，羊肉切成小块。
2 锅中注清水烧开，倒入羊肉、猪肚，淋适量料酒，汆去血水，捞出沥干水分。
3 锅中注清水烧开，倒入当归、肉苁蓉、姜片、羊肉、猪肚、料酒，小火炖1小时。
4 放盐、鸡粉煮至入味，盛出放葱段即可。

**烹饪妙招**

猪肚不易炖烂，可以多炖一会儿。

# 当归生姜羊肉汤

烹饪：2小时　难易度：★☆☆

**原料** 羊肉400克，当归10克，姜片40克，香菜段少许

**调料** 料酒8毫升，盐2克，鸡粉2克

**做法**

1 锅中注清水烧开，倒入羊肉、料酒，汆去血水，捞出沥干。
2 砂锅注清水烧开，倒入当归、姜片、羊肉、料酒，小火炖2小时至羊肉软烂。
3 揭开盖子，放盐、鸡粉，拌匀调味，盛出煮好的汤料，装入盘中即可。

**烹饪妙招**

羊肉汤炖制时间较长，砂锅中应多放些清水，避免炖干。

# 砂仁黄芪猪肚汤

烹饪：61分钟　难易度：★☆☆

## 原料

砂仁20克，黄芪15克，姜片25克，猪肚350克，水发银耳100克

## 调料

盐3克，鸡粉3克，料酒20毫升

## 做法

1 银耳切成小块；猪肚切成条。
2 锅中注清水，放入银耳，煮半分钟后捞出。
3 把猪肚倒入锅中，放入适量料酒，煮至变色。
4 将汆煮好的猪肚捞出，待用。
5 砂锅中注入适量清水烧开，放入砂仁、姜片、黄芪。
6 放入银耳，倒入汆过水的猪肚，加少许料酒。
7 盖上盖，烧开后用小火炖1小时，至食材熟透。
8 揭盖，加入少许盐、鸡粉。
9 搅拌匀，略煮片刻，至食材入味。
10 把炖煮好的汤料盛出，装入碗中即可。

**烹饪妙招**

猪肚可以用小火炖久一些，这样更易入味。

# 猪肝大枣汤

烹饪：120分钟　难易度：★★☆

## 原 料

猪肝250克，大枣100克，党参适量

## 调 料

盐2克，胡椒粉1克

## 做 法

1 将猪肝切块。
2 放入清水中泡净血水。
3 将党参洗净，切段，用温水浸泡30分钟。
4 大枣洗净，用温水浸泡30分钟。
5 锅中添水。
6 放入党参。
7 放入大枣，小火煮30分钟。
8 放入猪肝块煮30分钟。
9 加入胡椒粉调味。
10 加入盐调味即可。

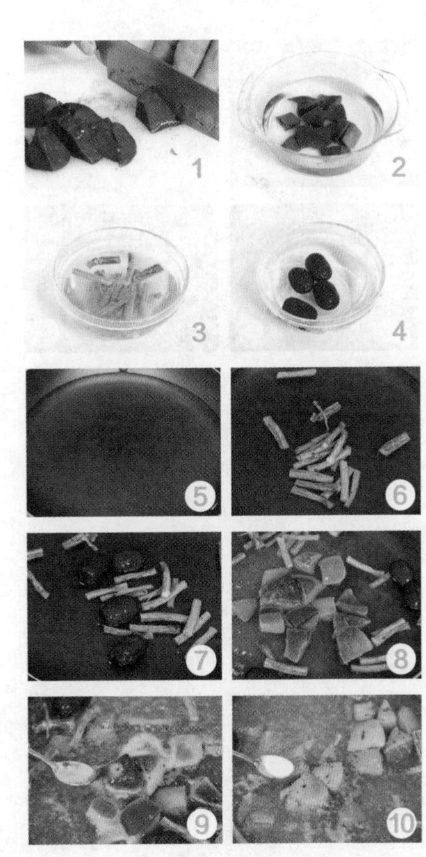


**烹饪妙招**

猪肝应先用自来水冲洗10分钟，然后在水中浸泡30分钟，再烹调。

# 玉兰片猪肝汤

烹饪：30分钟　难易度：★★☆

## 原 料

猪肝、玉兰片各100克

## 调 料

盐2克，清汤适量

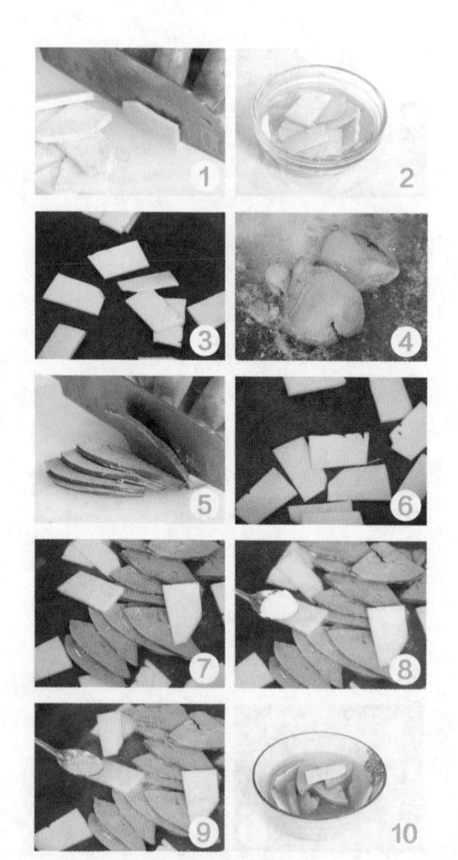

## 做 法

1 将玉兰片切成小片。
2 用凉水泡发。
3 将玉兰片放入开水锅中，煮软，捞出。
4 将猪肝放入锅中，加清水煮熟。
5 捞出切片。
6 锅中加入清汤，放入玉兰片煮开。
7 放入猪肝片煮沸。
8 加盐调味。
9 加胡椒粉调味。
10 装盘即可。

**烹饪妙招**

因玉兰片质地较嫩，不宜用开水泡发，一般入凉水中浸泡一天。

烹饪妙招

猪肝汆水的时间不要太久，否则会影响口感。

# 明目枸杞猪肝汤

烹饪：21分钟　难易度：★★☆

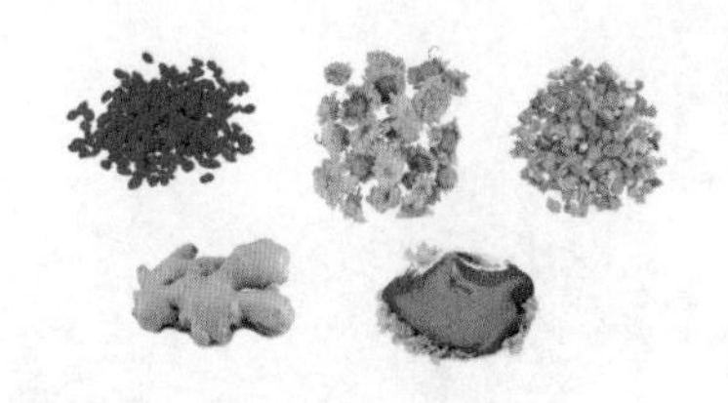

## 原料

石斛20克，菊花10克，枸杞10克，猪肝200克，姜片少许

## 调料

盐2克，鸡粉2克

## 做法

1 洗净的猪肝切成片，备用。
2 把洗净的石斛、菊花装入隔渣袋中，收紧袋口。
3 锅中注入适量清水烧开，倒入切好的猪肝。
4 搅拌匀，汆去血水。
5 捞出汆煮好的猪肝，沥干水分，待用。
6 砂锅中注入适量清水烧开，放入装有药材的隔渣袋。
7 倒入汆过水的猪肝，放入姜片、枸杞，拌匀。
8 盖上盖，烧开后用小火煮20分钟，至食材熟透。
9 揭开盖子，放入盐、鸡粉，拌匀调味。
10 取出隔渣袋，盛出煮好的汤料，装入汤碗中即可。

好吃又营养
此汤具有益肾、强筋骨、增高的功效，非常适合儿童饮用。

# 枣杏煲鸡汤

烹饪：200分钟　难易度：★★☆

## 原料

鸡500克，栗子200克，红枣150克，核桃100克，杏仁、姜各适量

## 调料

盐2克

## 做法

1 将杏仁煮5分钟，去衣洗净。
2 将栗子煮5~10分钟，去壳洗净，浸于清水中。
3 将核桃去壳放入滚水中煮5分钟，捞起用清水洗净。
4 将红枣洗净去核。
5 将鸡切去脚洗净。
6 放入滚水中煮熟，取出洗净。
7 锅内填入适量水，放入鸡。
8 放入红枣、杏仁、姜煲滚，慢火煲2小时。
9 加入核桃、栗子肉煲滚，再煲1小时。
10 撒盐调味，盛出即可。

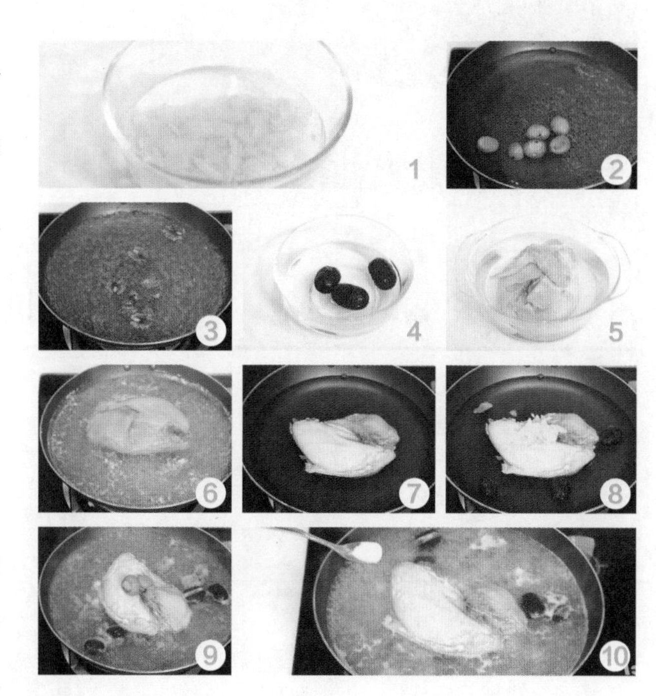


**烹饪妙招**

核桃不能与野鸡肉一起食用，所以不能选择野鸡。

# 虫草花老鸡汤

⏱烹饪：90分钟　难易度：★☆☆

**原料** 干花菇15克，红枣10克，虫草花15克，枸杞8克，生姜20克，干贝10克，鸡1只

**调料** 盐3克，鸡粉4克，料酒8毫升，白糖2克，白胡椒粉适量

### 做法

1 干贝、干花菇、虫草花用开水泡发。
2 姜切丝；鸡斩小块，汆去血水后捞出。
3 锅中放入鸡块、干花菇、干贝、虫草花、生姜、红枣、枸杞，注入热水大火煮开。
4 加鸡粉、白糖、白胡椒粉、盐、料酒拌匀，转小火煮90分钟即可。

**烹饪妙招**
干货食材不宜泡太久，3分钟即可。

# 扁豆莲子鸡汤

⏱烹饪：61分钟　难易度：★☆☆

**原料** 水发扁豆100克，水发莲子90克，核桃仁70克，干山楂25克，鸡腿肉200克

**调料** 盐2克，鸡粉2克

### 做法

1 鸡腿肉汆祛血水，捞出沥干。
2 砂锅中注清水烧开，放入鸡腿肉、扁豆、莲子、山楂、核桃仁，小火炖1小时，放入少许鸡粉、盐，煮至食材入味。
3 关火后盛出炖好的鸡汤，装入碗中即可。

**烹饪妙招**
核桃仁可以先干炒片刻再烹制，这样能使汤的味道更香。

# 金针菇鸡丝汤

烹饪：4分钟　难易度：★☆☆

## 原料

金针菇300克，鸡胸肉250克，姜片、葱花各10克

## 调料

盐、味精、鸡粉、水淀粉、食用油各适量

## 做法

1 鸡胸肉洗净，切细丝。
2 鸡肉丝加盐、味精、鸡粉抓匀。
3 淋入少许水淀粉拌匀。
4 倒入少许食用油，腌渍至入味。
5 洗净的金针菇沥干水分备用。
6 油锅烧热，注入适量清水。
7 放入姜片，大火煮至沸，加盐、味精、鸡粉调味。
8 放入金针菇煮沸。
9 再倒入肉丝拌匀，拌煮至材料熟透。
10 盛入盘中，撒上葱花即成。

**烹饪妙招**

金针菇细嫩，火候不宜大，会破坏其营养物质。

# 双菇辣汤鸡

烹饪：30分钟　难易度：★★☆

## 原料

乌鸡1只，香菇、口蘑各100克，葱、姜各少许，尖椒、干椒、八角各适量

## 调料

甜面酱4克，盐2克，糖1克，鸡粉1克，料酒20毫升，鲜汤、老抽、食用油各适量

## 做法

1 将乌鸡洗净剁成小块。
2 放入开水锅中焯烫，捞出沥干。
3 将香菇洗净，切成块。
4 葱切葱花，姜切丝。
5 将尖椒洗净，切条。
6 炒锅注食用油烧热，放入八角、葱花、姜丝、干椒、甜面酱。
7 放入乌鸡块炒香。
8 烹入料酒，加鲜汤、盐、老抽、糖、香菇块、口蘑。
9 盖上盖，大火煮开，转小火炖至熟烂。
10 撒入鸡粉调味，放入尖椒条煮开即可。

**烹饪妙招**

选用肉质紧实的乌鸡，口感肉质紧实、鲜而不腻。

**烹饪妙招**

煲汤加盐调味要在将离火出锅时加，不可提前，否则影响口味质量。

# 小麦白果竹丝鸡汤

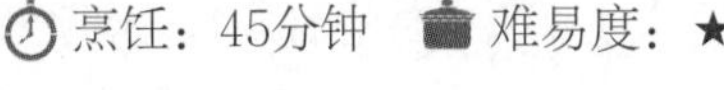

烹饪：45分钟　难易度：★☆☆

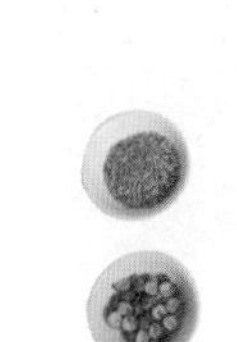

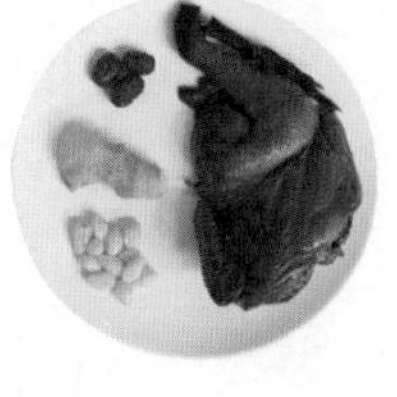

**原 料**

竹丝鸡（乌骨鸡）300克，小麦100克，白果、芡实各25克，生姜、干枣各适量

**调 料**

盐2克

**做 法**

1 将小麦淘洗净。
2 将芡实淘洗净。
3 将生姜洗净，切片。
4 将干枣去核洗净。
5 将白果去核去肉洗净。
6 将竹丝鸡洗净剁块。
7 锅内添适量清水。
8 放入竹丝鸡、小麦、芡实、姜片。
9 放入干枣、白果。
10 煮沸，转小火煮至熟烂，加盐调味即可。

**烹饪妙招**

荸荠的外皮和内部都有可能依附较多的细菌和寄生虫，所以一定要洗净煮透后才可食用。

# 鸡爪猪骨奶白汤

烹饪：140分钟　难易度：★★☆

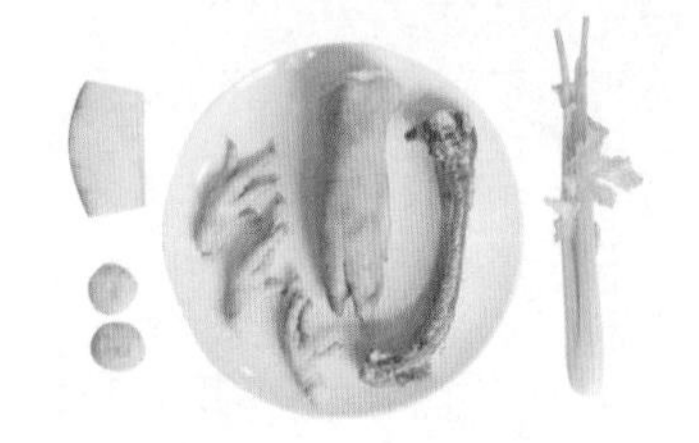

**原 料**

猪排骨300克，猪蹄200克，鸡爪150克，荸荠、冬瓜各100克，芹菜适量

**调 料**

盐2克，白糖1克，白胡椒粉适量

**做 法**

1 将荸荠洗净，去皮。
2 将冬瓜洗净，去皮，切片。
3 将芹菜洗净，切段。
4 将猪排骨洗净。
5 猪蹄洗净。
6 鸡爪洗净。
7 将猪排骨、猪蹄、鸡爪依次放入沸水锅中焯烫。
8 添水，加猪排骨、猪蹄、鸡爪大火煮开，转中火慢炖2小时。
9 加入荸荠、冬瓜片、芹菜段，炖至熟烂。
10 加入白糖、盐及白胡椒粉调味即可。

# 青萝卜陈皮鸭汤

烹饪：190分钟　难易度：★☆☆

**原料** 青萝卜块200克，鸭肉块300克，姜片适量，陈皮2片，高汤适量

**调料** 鸡粉适量，盐2克

### 做法

1 鸭肉斩小块，汆去血水后过冷水，备用。
2 锅中注入高汤烧开，加入鸭肉、青萝卜、陈皮、姜片，大火煮开后调至中火，炖3小时至食材熟透，加入适量鸡粉、盐。
3 搅拌均匀，略煮至食材入味，将煮好的汤料盛出即可。

**烹饪妙招**

鸭肉汆水前水一定要煮开，有利于杀灭细菌。

# 北杏党参老鸭汤

烹饪：62分钟　难易度：★★☆

**原料** 鸭700克，北杏仁15克，党参10克，姜少许

**调料** 盐3克，鸡粉、料酒各适量

### 做法

1 姜切片，鸭切成块，汆去血水后沥干。
2 砂锅中注清水烧开，放入姜片、党参、北杏仁、鸭肉块，淋入少许料酒提味，小火煮60分钟，加入少许盐、鸡粉。
3 掠去浮沫，再转中火煮一会儿，至汤汁入味，装入汤碗中即成。

**烹饪妙招**

鸭肉的腥味较重，汆水后最好再清洗几次，这样能改善汤汁的口感。

好吃又营养
鸭肉具有补肾、消
水肿、止咳化痰、
清热解毒等功效。
此汤香辣鲜酸，可
消暑解燥。

# 醋椒鸭汤

烹饪：40分钟　难易度：★★☆

### 原料

鸭骨200克，黄瓜75克，鸭肉50克，香菜25克

### 调料

盐2克，胡椒粉1克，醋10毫升，料酒20毫升，食用油、芝麻油各适量

### 做法

1 将黄瓜洗净切成片。
2 香菜洗净切末。
3 锅内注入食用油烧热。
4 放入胡椒粉煸炒。
5 加入料酒。
6 放入黄瓜片。
7 放入鸭骨、鸭肉。
8 撒入盐。
9 汤烧开后撇去浮沫。
10 加入醋，淋入芝麻油，撒香菜末即可。

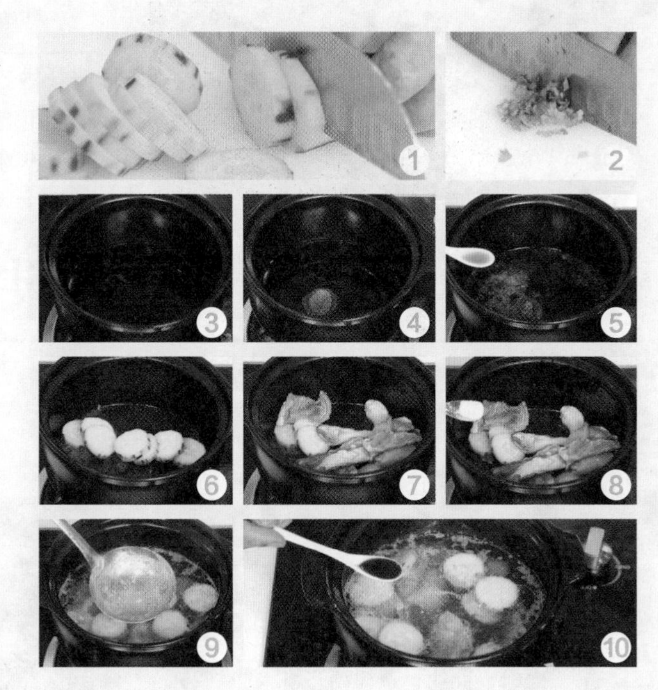


**烹饪妙招**

待汤烧开后应撇去浮沫，以去除油腻。

# 土茯苓绿豆老鸭汤

烹饪：190分钟　难易度：★☆☆

**原料** 绿豆250克，土茯苓20克，鸭肉块300克，陈皮1片，高汤适量

**调料** 盐2克

**做法**

1 鸭肉汆去血水后过冷水，沥干备用。
2 锅中注入适量高汤，加入鸭肉、绿豆、土茯苓、陈皮，炖3小时至食材熟透。
3 揭开锅盖，加入适量盐进行调味，搅拌均匀，至食材入味。
4 将煮好的汤料盛出即可。

**烹饪妙招**
要使用老鸭肉，先用凉水和醋浸泡半小时，再用小火慢炖。

# 无花果茶树菇鸭汤

烹饪：42分钟　难易度：★★☆

**原料** 鸭肉500克，水发茶树菇120克，无花果20克，枸杞、姜片、葱花各少许

**调料** 盐2克，鸡粉2克，料酒18毫升

**做法**

1 茶树菇切段；鸭肉斩块，汆血水，沥干。
2 砂锅中注入清水烧开，倒入鸭块、无花果、枸杞、姜片、茶树菇，淋入少许料酒，用小火煮40分钟，至食材熟透。
3 放入鸡粉、盐，稍煮片刻，盛出装碗，撒上葱花即可。

**烹饪妙招**
先泡发茶树菇，让它吸足水分，否则被茶树菇吸收水分，汤就少了。

# 鸭架汤泡肚

烹饪：60分钟　难易度：★★★

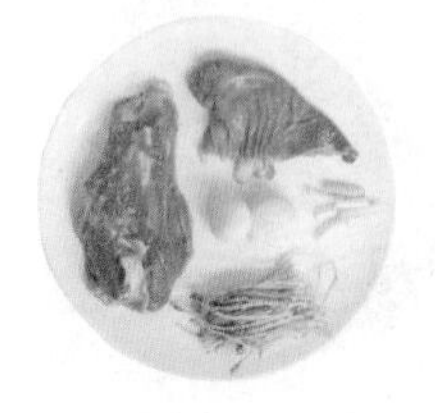

## 原料

鸭架1个，猪肚尖、豆苗各200克，口蘑20克

## 调料

清鸡汤、料酒、鸡油、盐、葱白、胡椒粉、碱各适量

## 做法

1 将猪肚尖切片，加碱腌30分钟，漂去碱味。
2 加料酒、盐焯一下。
3 将鸭架切块。
4 将口蘑用水泡发，片成片。
5 将豆苗择洗净，葱白切段。
6 锅内添入清鸡汤。
7 放入鸭架块、口蘑片。
8 撒入盐，调味煮好，撇去浮沫。
9 放入豆苗、猪肚尖片。
10 放胡椒粉、鸡油即可。

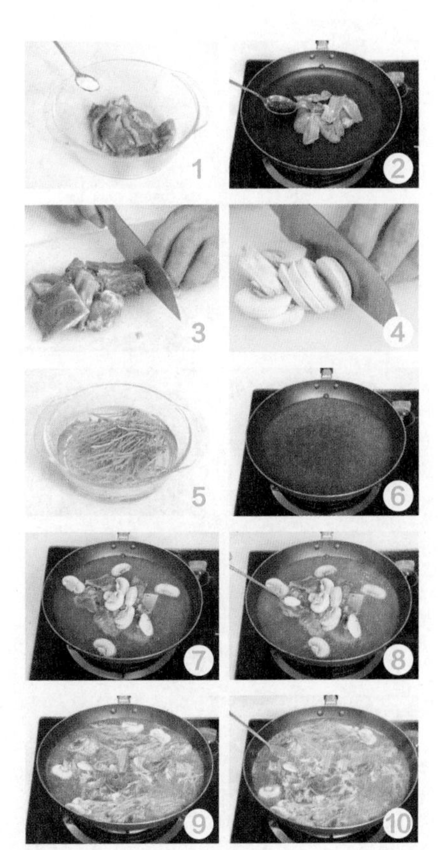

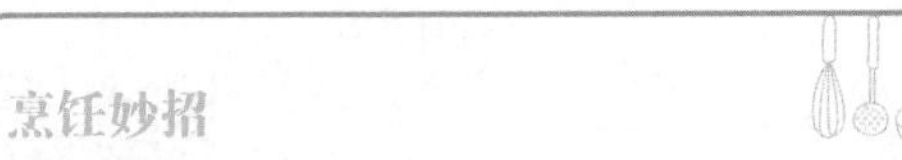

**烹饪妙招**

新鲜猪肚在烹调前要清理干净，多冲洗几次，确保卫生。

# 韭菜鸭血汤

烹饪：3分钟　难易度：★☆☆

**原 料**

鸭血300克，韭菜150克，姜少许

**调 料**

盐2克，鸡粉2克，芝麻油3毫升，胡椒粉适量

**做 法**

1 处理好的鸭血切成块。
2 洗好的韭菜切成小段，备用。
3 洗净的姜去皮切片。
4 锅中注入适量清水，倒入鸭血，略煮一会儿。
5 捞出鸭血，沥干水分，待用。
6 锅中注入适量清水，用大火烧开，倒入备好的姜片、鸭血。
7 撇去浮沫，加入少许盐、鸡粉、芝麻油。
8 倒入韭菜段，搅拌均匀，煮至食材入味。
9 撒上少许胡椒粉。
10 关火后将煮好的汤料盛出，装入碗中即可。

**烹饪妙招**

韭菜不宜煮太久，以免影响口感。

烹饪妙招

乳鸽最好选用雏鸽子，煲出来的肉质鲜嫩，汤汁甘甜，味道更鲜美。

# 莲藕乳鸽汤

烹饪：200分钟　难易度：★★☆

**原 料**

乳鸽1只，莲藕片50克，红枣6粒，陈皮适量

**调 料**

盐2克

**做 法**

1 将乳鸽洗净。
2 将红枣洗净。
3 红枣去核。
4 将莲藕去皮洗净。
5 切小块。
6 将陈皮洗净。
7 锅内添入适量清水。
8 放入乳鸽、去核红枣、莲藕片、陈皮。
9 盖上盖，大火煮开，慢火煲3小时左右。
10 加盐调味即可。

烹饪妙招

枸杞子不宜放太多，否则煲出来的汤会有酸味。

# 枸杞子炖乳鸽

烹饪：75分钟 难易度：★☆☆

## 原料

乳鸽1只，枸杞子25克，姜片适量

## 调料

盐2克，料酒20毫升

## 做法

1 将乳鸽洗净。
2 姜切片。
3 放入沸水锅焯一下，捞出。
4 将乳鸽放入锅中。
5 添入清水。
6 放入枸杞子，旺火煮开。
7 撇去浮沫。
8 加入料酒、姜片。
9 撒入适量盐。
10 用小火炖煮至熟烂即可。

烹饪妙招

鸽肉滋味鲜美，肉质细嫩，富含粗蛋白质和少量无机盐等营养成分。

# 椰香银耳煲鸽汤

烹饪：200分钟　难易度：★★☆

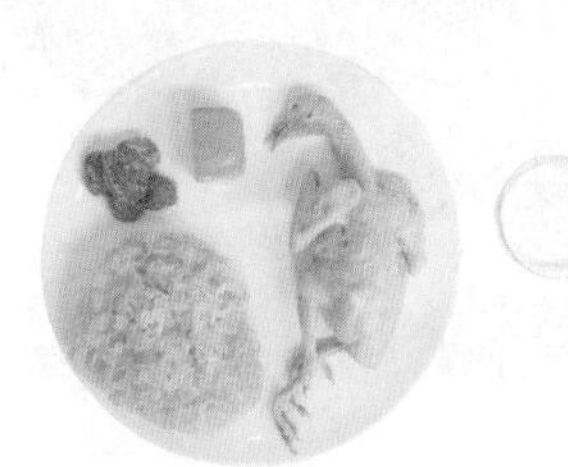

## 原料

乳鸽200克，椰奶、银耳干、火腿、蜜枣各适量

## 调料

盐2克

## 做法

1 将火腿切丁。
2 将蜜枣洗净。
3 将银耳干浸发。
4 撕成小朵，放入开水锅中煮5分钟，捞起洗净。
5 将乳鸽切去脚洗净。
6 放入滚水中煮10分钟，取出洗净。
7 锅内添适量水煮沸。
8 放入乳鸽、火腿丁、蜜枣、椰奶。
9 放入银耳煮沸。
10 转慢火煲3小时，撒盐调味，出锅即成。

# 排骨乳鸽汤

烹饪：200分钟　难易度：★★☆

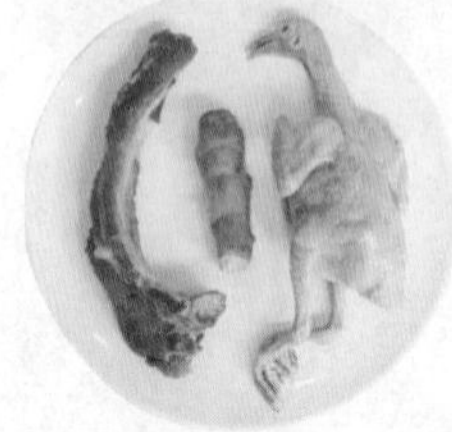

## 原 料

乳鸽1只，猪排骨200克，姜适量

## 调 料

盐2克

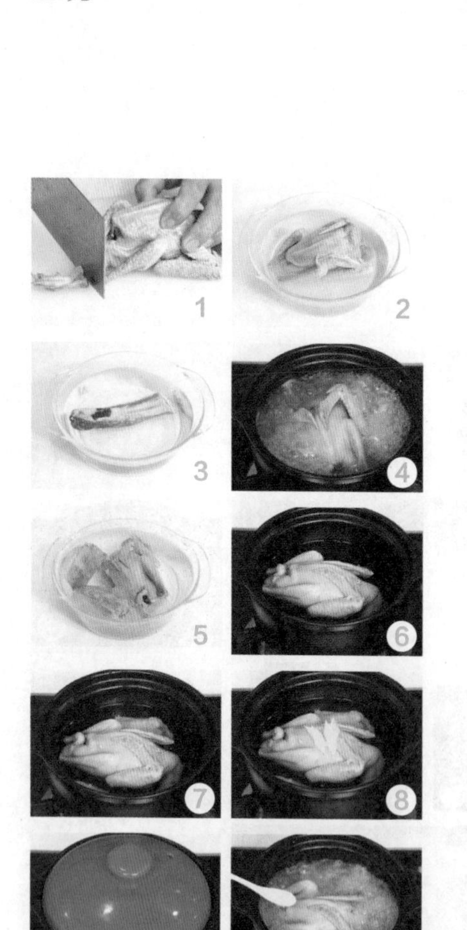

## 做 法

1 将乳鸽切去脚。
2 洗净乳鸽。
3 将猪排骨洗净。
4 将乳鸽、猪排骨同放入滚水锅中煮5分钟。
5 放入水中过凉。
6 锅内添水煮沸，放入乳鸽。
7 放入猪排骨。
8 放入姜煮滚。
9 盖上盖子慢火煲3小时。
10 加盐调味即成。

**烹饪妙招**

炖汤时要冷水下锅，慢慢加温，蛋白质才能够充分溶解到汤里，汤的味道会更鲜美。

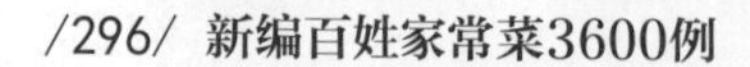

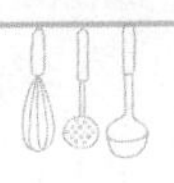

**烹饪妙招**

简单的一道快手汤，蛋花在出锅前倒入汤中即可，过早倒入则影响蛋花的鲜嫩口感。

# 萝卜蛋花汤

烹饪：15分钟　难易度：★☆☆

**原料**

白萝卜250克，鸡蛋2个，大蒜适量

**调料**

清汤、盐、芝麻油、食用油各适量

**做法**

1 将鸡蛋打入碗内，搅匀成蛋液。
2 将大蒜去皮切末。
3 将白萝卜洗净，切成丝。
4 炒锅注食用油烧热。
5 放入大蒜末爆香。
6 加入白萝卜丝翻炒。
7 添入清汤烧开。
8 淋入鸡蛋液煮开。
9 淋入芝麻油。
10 加盐调味即成。

# 卷心菜豆腐蛋汤

烹饪：8分钟　难易度：★☆☆

## 原料

卷心菜60克，豆腐100克，鸡蛋1个，去皮胡萝卜、茼蒿各10克，大葱段20克，香菇、木鱼花各15克，水溶土豆粉10毫升

## 调料

盐2克，生抽5毫升

## 做法

1 洗净的卷心菜切块；洗好的大葱段对半切开，切丁；胡萝卜切圆片；豆腐切片。

2 洗好的茼蒿切去茎，留下茼蒿叶；洗净的香菇去柄，切十字花刀成四块。

3 鸡蛋打入碗中，搅匀成蛋液，待用。

4 锅中注入适量清水烧开，放入切好的香菇块、胡萝卜片。

5 加入切好的豆腐片、卷心菜块、切好的大葱丁。

6 将食材搅匀，煮约1分钟至食材熟透。

7 加入盐，搅匀调味，放入生抽。

8 加入水溶土豆粉，搅匀至汤水微稠。

9 倒入蛋液，搅匀成蛋花。

10 盛出汤品，放上茼蒿叶，摆上木鱼花即可。

**烹饪妙招**

汤中可加入少许胡椒粉，味道更佳。

# 韭菜咸蛋肉片汤

烹饪：25分钟　难易度：★★☆

## 原 料

咸鸭蛋150克，韭菜200克，猪瘦肉100克，姜适量

## 调 料

盐2克，食用油适量

## 做 法

1 将韭菜洗净切段，沥干。
2 姜洗净切末。
3 将咸鸭蛋洗净，取出蛋黄和蛋白。
4 将猪瘦肉切薄片。
5 加入盐腌10分钟。
6 锅内注食用油烧热。
7 放入姜末爆香。
8 放入韭菜段、咸鸭蛋黄、猪瘦肉片。
9 添适量水煲熟。
10 放咸鸭蛋白拌匀，盛入汤碗内即可。

**烹饪妙招**

咸鸭蛋是佐餐佳品，咸味适中，油多味佳，蛋黄分为一层一层的，越往里越红。

# 松花蛋淡菜汤

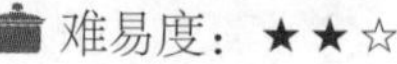
烹饪：90分钟　难易度：★★☆

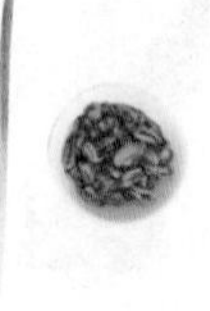

## 原 料

西红柿、甘薯各150克，淡菜100克，松花蛋75克，葱花、姜片各少许

## 调 料

盐2克，食用油适量

## 做 法

1 将西红柿洗净切块。
2 将甘薯去皮，洗净。
3 切滚刀块。
4 将松花蛋去壳，洗净切块。
5 淡菜用清水浸30分钟后洗净。
6 炒锅注食用油烧热，放入姜片、葱花、淡菜略炒。
7 添入浸过淡菜的水，煮片刻后捞出淡菜。
8 原汤在锅中煮沸，加入姜片、甘薯块、西红柿块煲40分钟。
9 加松花蛋块、淡菜煲10分钟。
10 撒盐调味即可。

**烹饪妙招**

此汤具有除烦清热、滋阴清火、益血填精的功效，还适用于高血压病、耳鸣、眩晕等病症。

烹饪妙招

此汤可祛湿降浊、健脾利水，适用于身重困倦、小便短小、高血压等病症。

# 芦笋西瓜皮鲤鱼汤

烹饪：140分钟　难易度：★★☆

## 原 料

鲤鱼300克，芦笋、西瓜皮各150克，眉豆50克，红枣、生姜各适量

## 调 料

盐2克

## 做 法

1 将芦笋洗净，斜切成片。
2 将鲤鱼去腮、内脏、鳞，洗净，鱼身两面划花刀。
3 将眉豆洗净。
4 将西瓜片洗净，去表皮，切块。
5 将生姜洗净切片。
6 将红枣去核洗净。
7 锅内添入适量水，放入鲤鱼、眉豆、姜片、芦笋。
8 放入西瓜皮、去核红枣。
9 大火煮沸，盖上盖子小火煲2小时。
10 撒盐调味，盛出即可。

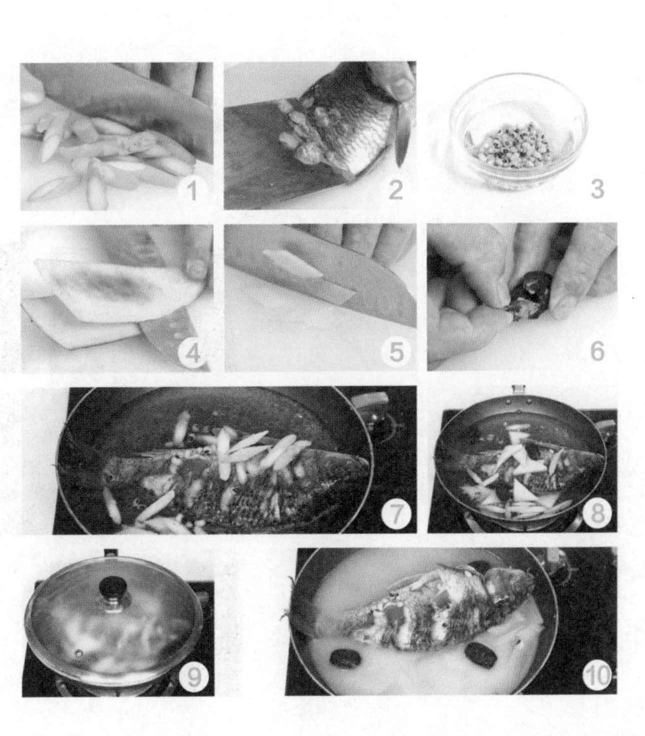

**烹饪妙招**

鲜鱼剖开后再洗净，在牛奶中浸泡一会，既能祛除腥味，又可增添鲜味。

# 韭菜鲫鱼羹

烹饪：25分钟　难易度：★☆☆

**原 料**

鲫鱼400克，韭菜200克，葱、姜、面粉各适量

**调 料**

盐2克，料酒20毫升，胡椒粉1克，食用油适量

**做 法**

1 韭菜洗净，切段。
2 鲫鱼去鳞、腮、内脏，洗净。
3 葱、姜洗净，切末；面粉加入适量水调成面粉水。
4 炒锅注食用油烧至五成熟，下葱末、姜末炝锅。
5 添入适量水，加入鲫鱼。
6 撒入盐、胡椒粉。
7 烹入料酒，煮至鱼肉熟。
8 捞出鲫鱼，片去鱼骨，将鱼肉放回锅内。
9 下入面粉水煮成糊状。
10 放入韭菜段烧至入味，淋热油出锅即可。

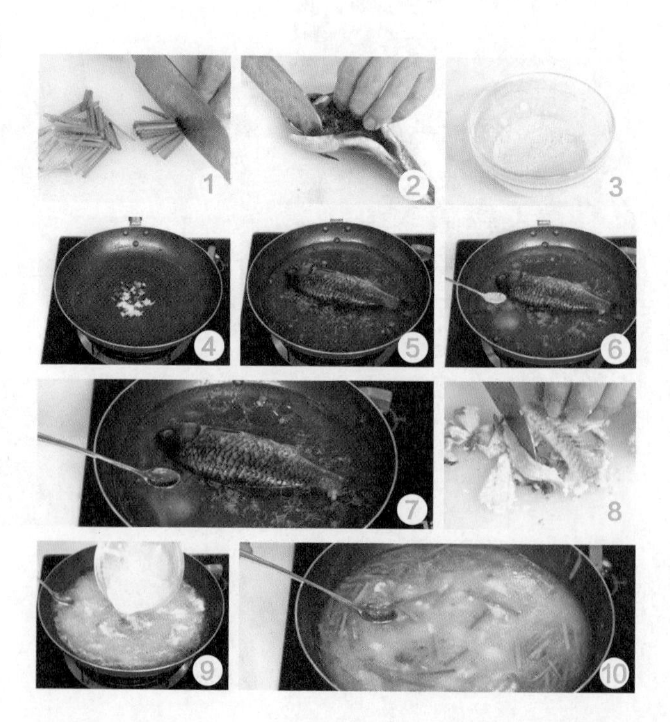

**烹饪妙招**

鲫鱼身上抹少许生粉，煎的时候就不会破皮。

# 萝卜丝炖鲫鱼

烹饪：14分钟　难易度：★★☆

## 原 料

鲫鱼250克，去皮白萝卜200克，金华火腿20克，枸杞子15克，姜片、香菜各少许

## 调 料

盐6克，鸡粉、白胡椒粉各3克，料酒10毫升，食用油适量

## 做 法

1 白萝卜切成薄片，改切成丝。
2 备好的火腿切成薄片，改切成丝。
3 洗净的鲫鱼两面打上若干一字花刀。
4 往鲫鱼两面抹上适量盐，淋上料酒，腌渍10分钟。
5 热锅注油烧热，倒入鲫鱼。
6 放入姜片，爆香。
7 注入500毫升清水。
8 倒入火腿丝、白萝卜丝，拌匀，炖8分钟。
9 加入盐、鸡粉、白胡椒粉，充分拌匀入味。
10 关火后捞出煮好的鲫鱼，淋上汤汁，点缀上枸杞子、香菜即可。

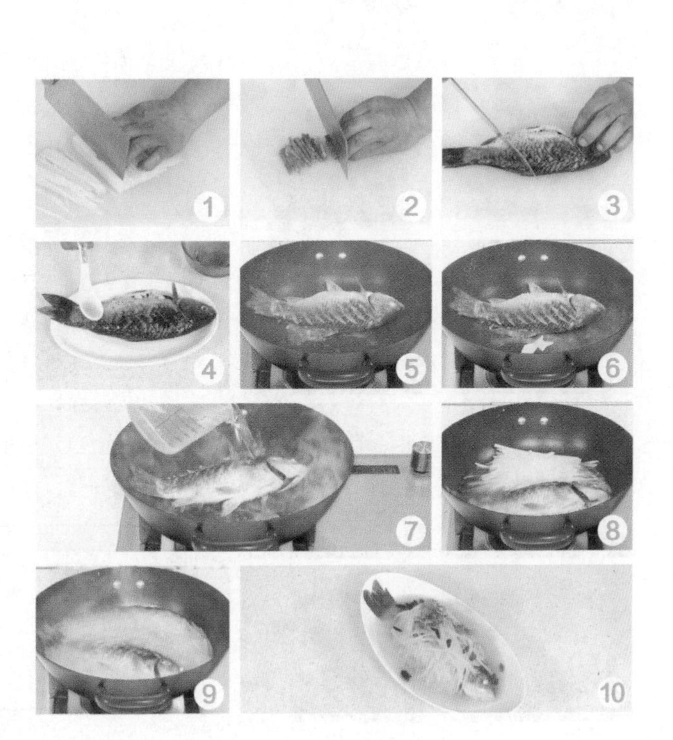

# 黄芪红枣鳝鱼汤

烹饪：54分钟　难易度：★★☆

**原 料**

鳝鱼肉350克，鳝鱼骨100克，黄芪、红枣、姜片、蒜苗各少许

**调 料**

盐2克，鸡粉2克，料酒4毫升

**做 法**

1 洗好的蒜苗切成粒。
2 鳝鱼肉切上网格花刀，再切段；鳝鱼骨切段。
3 锅中注入适量清水烧开，倒入鳝鱼骨拌匀，汆去血水，捞出待用。
4 沸水锅中倒入鳝鱼肉，拌匀，汆去血水后，捞出沥干待用。
5 砂锅中注入适量清水烧热，倒入备好的红枣、黄芪、姜片。
6 盖上盖，用大火煮至沸后揭开盖，倒入鳝鱼骨。
7 盖上盖，烧开后用小火煮约30分钟。
8 揭开盖，放入鳝鱼肉，加入盐、鸡粉、料酒。
9 盖上盖，用小火煮约20分钟至食材入味。
10 揭开盖，搅拌均匀，撒上蒜苗拌匀即可。

**烹饪妙招**

在煮鳝鱼时可加入少许醋，能去除腥味。

# 葱豉豆腐鱼头汤

烹饪：45分钟　难易度：★★★

## 原料

鲢鱼头500克，豆腐300克，香菜、淡豆豉、葱白各适量

## 调料

盐2克，食用油适量

## 做法

1 将鲢鱼头去掉喉管、腮腺，洗净，切开两边。
2 将香菜择洗净，切碎。
3 将淡豆豉洗净，切碎。
4 将葱白洗净，切碎。
5 将豆腐略洗，切块，沥干水分。
6 炒锅注食用油烧热，放入豆腐块略煎，盛出，放于一旁备用。
7 炒锅注食用油烧热，放入鲢鱼头煎香。
8 加淡豆豉碎、豆腐块，添水，大火煮沸。
9 盖上盖子，小火炖煮半个小时。
10 开盖，撒入葱白、香菜，加盐调味，盛出即可。

**烹饪妙招**

鱼头一定要将鱼鳃择净，用清水冲洗干净，否则会影响汤的质量。

好吃又营养
油菜含有蛋白质、纤维素、维生素、矿物质等，具有补铁、保护视力、抑制溃疡等功效。

# 油菜鱼头汤

烹饪：65分钟　难易度：★★☆

## 原料

鲢鱼头500克，油菜200克，蜜枣适量

## 调料

盐2克，料酒适量

## 做法

1 将鲢鱼头去掉喉管、腮，洗净。
2 锅中添入适量清水。
3 放入鲢鱼头、料酒。
4 煮开，捞出鲢鱼头。
5 将蜜枣洗净。
6 将油菜洗净切段。
7 锅里放入鲢鱼头。
8 放入蜜枣，添适量清水，大火煮沸片刻。
9 放入油菜段，用小火煲1小时。
10 撒盐调味即可。

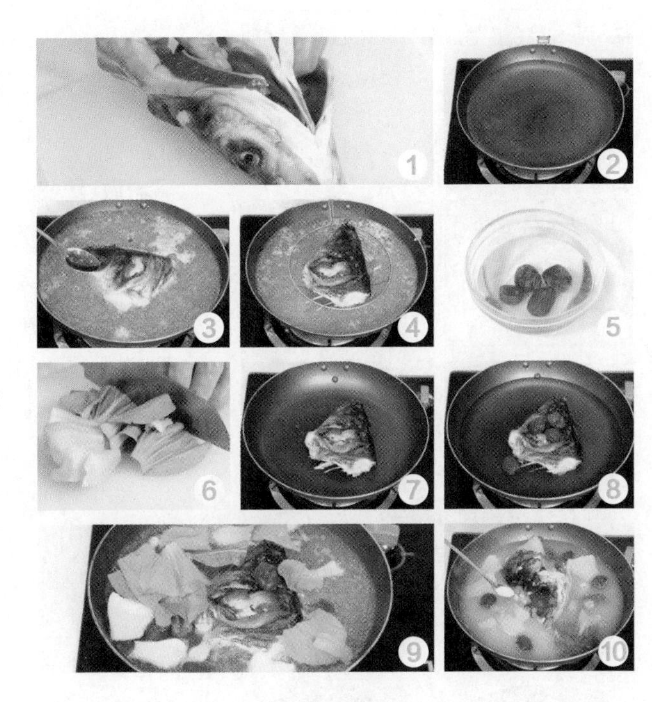


**烹饪妙招**

鲢鱼头上若有残留鳞片，需要刮去。

# 枸杞叶鱼片汤

烹饪：12分钟　难易度：★☆☆

## 原料

枸杞叶70克，草鱼肉120克，枸杞子、姜片各少许

## 调料

盐3克，鸡粉3克，胡椒粉2克，芝麻油2毫升，食用油适量

## 做法

1 洗净的草鱼肉切片。
2 将鱼片装入碗中，放入少许盐、鸡粉、胡椒粉，搅拌匀。
3 淋入适量水淀粉，继续搅拌匀。
4 倒入食用油，腌渍10分钟，至其入味。
5 锅中注入适量清水烧开，放入适量盐、鸡粉、食用油。
6 放入姜片、枸杞子。
7 撒入枸杞叶，搅拌匀。
8 倒入腌好的鱼片，搅散，略煮片刻。
9 加入少许胡椒粉，淋入芝麻油，煮至沸。
10 关火，用勺搅匀调味即可。

**烹饪妙招**

鱼片易熟，不宜煮太久，否则会失去鲜嫩的口感。

烹饪妙招

白菜煮制的时间不宜过长，会破坏白菜的营养。

# 虾米白菜豆腐汤

烹饪：2分钟　难易度：★☆☆

## 原料

虾米20克，豆腐90克，白菜200克，枸杞子15克，葱花少许

## 调料

盐2克，鸡粉2克，料酒10毫升，食用油适量

## 做法

1 洗净的豆腐切成粗条，再切成小方块。

2 洗好的白菜切成段，再切成丝，备用。

3 用油起锅，倒入虾米，炒香。

4 放入切好的白菜，翻炒均匀。

5 淋入料酒，炒匀提鲜。

6 倒入适量清水，加入洗净的枸杞子，煮至沸腾。

7 揭开盖，放入豆腐块，煮沸。

8 加入适量盐、鸡粉，搅拌均匀，使食材入味。

9 关火后盛出煮好的汤料，装入碗中。

10 撒上备好的葱花即可。

**烹饪妙招**

虾仁背部的虾线中含有很多脏污和毒素，所以在食用前需要去除。

# 冬瓜虾仁汤

烹饪：32分钟　难易度：★★☆

### 原料

冬瓜300克，净虾仁60克，姜片少许

### 调料

盐、鸡粉各少许

### 做法

1 洗净的冬瓜切小瓣。
2 用牙签从虾仁的尾部穿透，挑去虾线，备用。
3 砂锅中注入约800毫升清水烧开。
4 倒入切好的冬瓜，撒上姜片。
5 盖上盖子，煮沸后用小火煲煮约20分钟至食材变软。
6 揭开盖，倒入备好的虾仁，轻轻搅拌至虾身弯曲。
7 再盖好盖子，用小火续煮约10分钟至全部食材熟透。
8 取下盖子，加入盐、鸡粉，拌匀调味。
9 掠去浮沫，再煮片刻至入味。
10 关火，盛出即可。

烹饪妙招

处理基围虾时，要将虾线去掉，这样更卫生。

# 泰式酸辣虾汤

烹饪：10分钟　难易度：★★☆

## 原 料

基围虾4只（80克），西红柿150克，去皮冬笋120克，茶树菇60克，去皮红薯60克，牛奶100毫升，香菜少许，朝天椒1个

## 调 料

泰式酸辣酱30克，椰子油5毫升，盐2克，黑胡椒粉3克

## 做 法

1 茶树菇切小段；冬笋切小块。
2 西红柿切块；朝天椒切圈。
3 红薯切成丁。
4 沸水锅中倒入红薯，断生后捞出。煮红薯的汤水备用。
5 往备好的榨汁杯中加入红薯、牛奶、泰式酸辣酱、适量盐，倒入红薯汤水。
6 榨取汁水。
7 沸水锅中倒入基围虾，加入茶树菇、冬笋、西红柿、朝天椒、盐。
8 大火煮开，转小火煮8分钟。
9 揭开榨汁杯盖，将榨好的汁倒入锅中，加入黑胡椒粉、椰子油，拌匀入味。
10 关火后将煮好的汤水盛入碗中，放上香菜即可。

# 扇贝香菇汤

烹饪：13分钟　难易度：★☆☆

## 原料

蟹味菇70克，小扇贝8个，胡萝卜90克，白洋葱100克，面粉20克，牛奶100毫升，清水200毫升，奶油35克

## 调料

椰子油、香叶、罗勒粉各少许，白胡椒粉、盐各适量

## 做法

1 蟹味菇切去根部，用手掰散；白洋葱切丁。
2 洗净去皮的胡萝卜切厚片，切条，切丁。
3 扇贝切开壳，将肉取出，切去内脏，装入碗中清洗片刻。
4 热锅倒入椰子油烧热，放入扇贝肉，翻炒片刻。
5 加入胡萝卜、香叶，翻炒片刻。
6 放入面粉，炒散，加入适量盐、白胡椒粉，快速翻炒片刻。
7 注入清水，倒入牛奶、奶油，搅拌至煮沸。
8 加入蟹味菇、洋葱丁，稍稍搅拌。
9 盖上锅盖，小火焖煮10分钟。
10 揭开锅盖，将煮好的汤盛出装入碗中，撒上罗勒粉即可。

**烹饪妙招**

扇贝的内脏去除后可再冲洗片刻，以免影响味道。

# Part 4

## 花样主食变着吃

说到家常主食，是不是只能想到单调的粥、面条和白米饭？其实主食也可以百变，一份好的主食本身就是一道美味的菜肴，本章罗列了各种类型、各种风味的营养主食和具体做法，口味丰富多样，营养又美味，不论大人还是小孩，都会爱上吃饭！

# 洋葱鸡肉饭

烹饪：5分钟　难易度：★☆☆

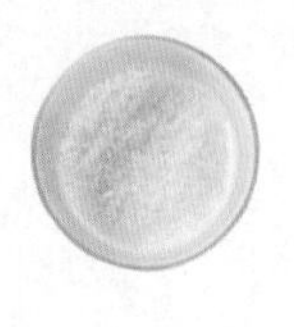
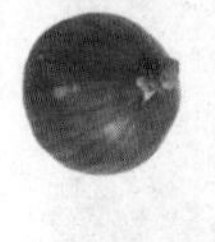

## 原料

洋葱50克，鸡肉50克，大米50克

## 调料

盐2克，植物油适量

## 做法

1 洗净的洋葱去皮切碎。
2 洗净的鸡肉切成碎末。
3 大米清洗干净，倒入电饭锅。
4 选定煮饭功能将大米煮熟。
5 热油起锅，倒入鸡肉末，翻炒至转色。
6 倒入洋葱碎，快速翻炒出香味。
7 放入少许盐，翻炒调味。
8 加入熟米饭，快速翻炒松散。
9 关火，盖上锅盖，焖5分钟。
10 将炒好的米饭盛出装入碗中即可。

**烹饪妙招**

切洋葱时，把菜刀在冷水中浸泡一会，可防止洋葱挥发物质的刺激。

# 青椒醋油饭

烹饪：25分钟　难易度：★★☆

## 原料

糯米100克，猪肉100克，鲜香菇100克，青椒25克

## 调料

盐2克，醋1毫升，食用油适量

## 做法

1 将糯米用水泡好。
2 将鲜香菇洗净切丝。
3 将猪肉洗净，切丝。
4 将青椒去蒂，洗净切丝。
5 将猪肉丝、鲜香菇丝下入油锅炒熟。
6 放入青椒丝略炒。
7 糯米加盐、醋、食用油拌匀。
8 将拌好的糯米加适量水。
9 用微波炉加热，取出搅匀，再加热至熟。
10 取出盛盘，盖上炒熟的香菇丝、猪肉丝、青椒丝即可。

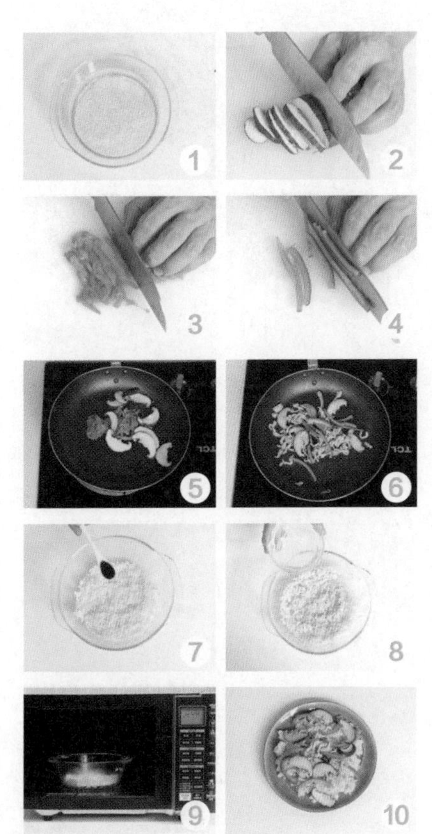

**烹饪妙招**

糯米加少许盐、食用油、醋煮，色泽明亮，口感香。

# 香菇薏米饭

烹饪：20分钟　难易度：★☆☆

**原 料**

大米300克，薏米100克，香菇50克，油豆腐、青豆各适量

**调 料**

盐2克，食用油适量

**做 法**

1 将薏米洗净，浸透。
2 将香菇泡于温水中，20分钟后捞出沥干，泡香菇的水留下备用。
3 将香菇切成小块。
4 将油豆腐切成小块。
5 将大米、薏米、香菇块、油豆腐块放入碗内。
6 加水搅拌均匀。
7 加入盐。
8 加入食用油。
9 撒上青豆。
10 上笼蒸熟，取出盛盘即可。

**烹饪妙招**

薏米较难熟透，在煮前需以温水浸泡2~3小时，让其充分吸收水分。

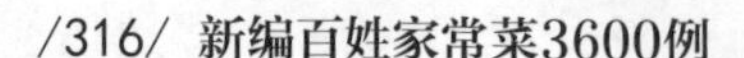

**烹饪妙招**

腌渍猪肉时可加入少许胡椒粉，味道会更香。

# 猪肉杂菜盖饭

烹饪：6分钟　难易度：★☆☆

## 原料

菠菜70克，香菇60克，水发粉条65克，去皮胡萝卜70克，去皮白萝卜80克，热米饭90克，猪肉丝65克，葱段少许

## 调料

盐2克，水淀粉5毫升，芝麻油5毫升

## 做法

1 洗净的菠菜切长段；洗净去皮的白萝卜、胡萝卜切细条。
2 香菇从中间切开，再切成条。
3 肉丝中加入1克盐，淋入水淀粉拌匀，腌渍10分钟。
4 沸水锅中倒入菠菜段，焯约1分钟，捞出沥干水分。
5 锅中继续倒入香菇条，焯约2分钟，捞出沥干水分。
6 另起锅，倒入少许清水烧热，放入白萝卜、胡萝卜、葱段，煮至水开。
7 倒入肉丝，煮约2分钟至肉丝转色后，放入泡好的粉条。
8 倒入香菇条，煮约1分钟。
9 再放入菠菜段，淋入芝麻油，加入1克盐，拌匀调味。
10 盛出，盖在米饭上即可。

# 豉椒鲜鱿盖饭

烹饪：2分30秒　难易度：★☆☆

## 原料

鱿鱼150克，青椒、红椒各15克，菜心20克，熟米饭160克，姜片、葱段、蒜末、豆豉各少许

## 调料

料酒10毫升，生抽4毫升，老抽3毫升，盐、鸡粉各2克，白糖2克，水淀粉、食用油各适量

## 做法

1 洗净的鱿鱼切网格花刀，再切小块；青椒、红椒切开，去籽，再切块。

2 锅中注入适量清水烧开，加入少许食用油。

3 倒入菜心，煮至断生后捞出，沥干待用。

4 沸水锅中倒入鱿鱼，淋入料酒，拌匀。

5 煮约半分钟至鱿鱼身卷起，倒入青椒、红椒，煮约半分钟后捞出材料，装盘待用。

6 用油起锅，倒入蒜末、姜片、葱段、豆豉，爆香。

7 放入汆煮过的材料，淋入料酒，炒匀；加入生抽、老抽、盐、鸡粉。

8 注入清水，拌匀，加入白糖，大火略煮片刻。

9 倒入水淀粉，拌匀，调成味汁，关火待用。

10 米饭装入盘中，将菜肴盛于旁边即可。

**烹饪妙招**

汆煮过的材料最好过一下凉开水，口感更清爽。

## 豌豆玉米炒饭

烹饪：3分钟　难易度：★☆☆

**原料** 米饭200克，玉米粒、豌豆各15克，土豆35克，胡萝卜25克，香菇10克，葱花少许

**调料** 盐3克，鸡粉2克，芝麻油、食用油各适量

### 做法

1 胡萝卜切丁，土豆切丁，香菇去蒂切丁。
2 香菇、胡萝卜、土豆、豌豆、玉米粒放入清水烧开，加盐与食用油，焯熟捞出。
3 油起锅，倒入米饭与食材，炒至熟透。
4 加盐、鸡粉、葱花、芝麻油，炒香即可。

**烹饪妙招**

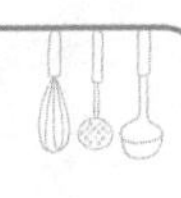

在炒之前先将米饭压松散。

## 什锦炒饭

烹饪：3分钟　难易度：★★☆

**原料** 米饭300克，水发木耳75克，蛋液60克，培根35克，蟹柳40克，豌豆30克

**调料** 盐2克，鸡粉适量

### 做法

1 蟹柳切丁，培根切小块，木耳切丝。
2 锅中注入清水烧开，放入洗净的豌豆、木耳丝略煮至断生，捞出。
3 下油热锅，倒入蛋液、培根块、蟹柳丁、木耳丝、米饭炒匀，加盐、鸡粉调味。
4 中火炒至食材熟透入味，盛出即可。

**烹饪妙招**

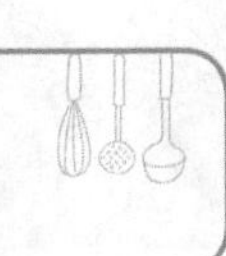

炒饭时滴入芝麻油会更香。

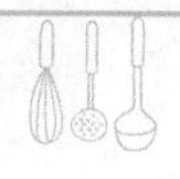

**烹饪妙招**

西蓝花用小苏打水浸泡片刻，能更好地清洗。

# 黄油西蓝花蛋炒饭

烹饪：3分钟　难易度：★★☆

## 原料

米饭170克，黄油30克，蛋液60克，西蓝花80克，葱花少许

## 调料

盐2克，鸡粉2克，生抽2毫升，食用油适量

## 做法

1 洗净的西蓝花切成小朵，待用。
2 锅中注入适量清水，大火烧开，加入少许食用油。
3 倒入西蓝花，搅匀，汆煮至断生后捞出，沥干水分待用。
4 热锅倒入黄油，烧至融化。
5 倒入蛋液，翻炒松散。
6 倒入备好的米饭，快速翻炒片刻。
7 加入生抽，快速翻炒上色。
8 倒入西蓝花，加入盐、鸡粉，翻炒入味。
9 倒入葱花，翻炒出葱香味。
10 关火后将炒好的饭盛出装入碗中即可。

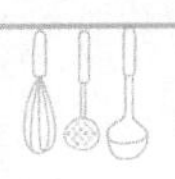

烹饪妙招

米饭炒前放入冰箱，取出打散，这样口感更好。

# 咖喱虾仁炒饭

烹饪：10分钟　难易度：★☆☆

## 原料

冷米饭350克，虾仁80克，咖喱20克，胡萝卜丁25克，洋葱丁25克，青豆20克，鸡蛋2个

## 调料

盐2克，鸡粉3克，食用油适量

## 做法

1 虾仁横刀切开；鸡蛋搅散。
2 用油起锅，倒入鸡蛋液，翻炒约1分钟至熟。
3 关火，将炒好的鸡蛋盛出，装入盘中备用。
4 用油起锅，倒入洋葱、胡萝卜、青豆、虾仁，翻炒约3分钟至熟软。
5 炒好的菜肴装入盘中备用。
6 用油起锅，放入咖喱，炒至其融化。
7 倒入米饭，炒3分钟至松软。
8 加入炒好的鸡蛋，炒匀；倒入炒好的菜肴，拌匀。
9 加入盐、鸡粉，翻炒片刻。
10 关火后将炒好的饭装入碗中，取一盘，将碗倒扣在盘中即可。

好吃又营养

橙子酸甜可口，富含维生素C，具有预防感冒、降低胆固醇、预防动脉硬化的功效。

# 酸辣橙子饭

烹饪：25分钟　难易度：★★☆

## 原料

米饭250克，黄瓜50克，橙子100克，葱适量

## 调料

白糖1克，酱油2毫升，辣椒粉、食用油各适量

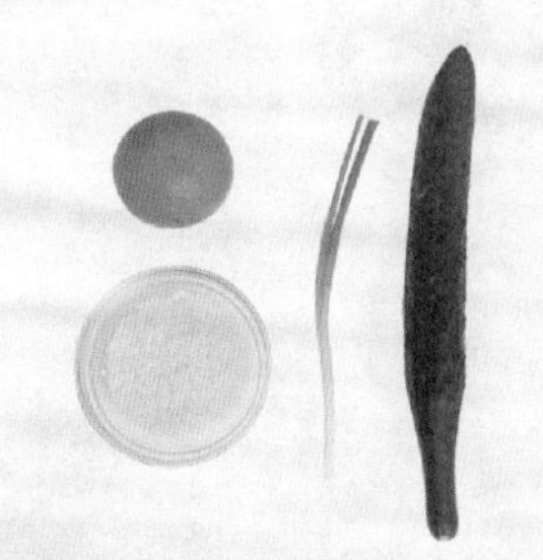

## 做法

1 将黄瓜洗净切成丁。
2 取1/3个橙子去皮、籽，切丁。
3 将余下的橙子去皮、籽。
4 榨成汁备用。
5 锅中注入食用油烧热，下入葱花、辣椒粉爆香。
6 加入酱油略炒。
7 放入橙子丁、橙汁、白糖，大火煮沸，小火煮至汤汁收浓。
8 倒入米饭。
9 倒入黄瓜丁。
10 拌炒均匀，盛入盘中即可。

**烹饪妙招**

橙子不宜过早加入，以免高温破坏橙子内的维生素C。

# 生炒糯米饭

烹饪：2分30秒　难易度：★☆☆

**原 料** 熟糯米饭230克，虾皮20克，洋葱35克，腊肠65克，水发香菇55克，香菜末少许

**调 料** 盐少许，鸡粉2克，食用油适量

**做 法**

1 香菇切丝，洋葱切小块，腊肠切斜刀片。
2 下油热锅，依次倒入香菇丝、腊肠片、洋葱、虾皮翻炒匀。
3 加入熟糯米饭炒散，加入少许盐、鸡粉调味，中火翻炒至食材熟透，装盘即可。

**烹饪妙招**
炒米饭时，可加入少许清水，这样更容易炒散。

# 菠萝虾米火腿炒饭

烹饪：3分钟　难易度：★☆☆

**原 料** 虾米10克，菠萝170克，熟米饭120克，火腿60克，葱2克

**调 料** 盐2克，鸡粉2克，老抽2毫升，食用油适量

**做 法**

1 菠萝切丁，葱切葱花，火腿切小粒。
2 热锅注油烧热，倒入虾米、火腿粒炒香。
3 加入菠萝、米饭，快速翻炒松散。
4 加入盐、鸡粉、老抽，翻炒调味。
5 撒入葱花，出锅即可。

**烹饪妙招**
虾米可用温水泡软，味道会更好。

# 黄姜炒饭

烹饪：3分钟　难易度：★★☆

**原料** 米饭180克，黄姜粉20克，叉烧肉100克，葱花少许

**调料** 生抽5毫升，盐2克，鸡粉2克，食用油适量

**做法**

1 叉烧肉切丁。
2 热锅注油烧热，倒入叉烧肉，炒香。
3 倒入备好的米饭，翻炒松散。
4 加入生抽、盐、鸡粉，翻炒片刻至入味。
5 倒入黄姜粉，快速翻炒均匀，盛盘即可。

**烹饪妙招**

炒饭时要将米饭压松散，味道才更均匀。

# 松仁什锦饭

烹饪：3分钟　难易度：★★☆

**原料** 鸡肉、瘦肉各60克，蛋液100克，胡萝卜、青豆各50克，米饭400克，松子15克

**调料** 盐2克，食用油、清汤、白糖、料酒、生抽各适量

**做法**

1 鸡蛋液加入锅中用油炒熟，青豆洗净。
2 油锅烧热，投入鸡肉片、瘦猪肉片、胡萝卜片和青豆，快炒片刻。
3 加入生抽、盐、白糖、清汤和料酒烧沸。
4 倒入鸡蛋和松子仁，炒熟倒在饭上即可。

**烹饪妙招**

松子仁加入炒饭前，可下锅炒至油香散发，味道更香。

好吃又营养

面条含有蛋白质、脂肪、碳水化合物等营养成分，还易于消化吸收，有改善贫血、增强免疫力、平衡营养吸收等功效。

# 四川冷面

烹饪：25分钟 难易度：★☆☆

## 原料

挂面200克，火腿、黄瓜、水发木耳、胡萝卜各50克，青椒适量，葱花少许

## 调料

香油2毫升，盐2克，鸡精、辣椒油各适量

## 做法

1 锅内注水烧开。
2 放入挂面煮熟。
3 捞出过凉水，拌入少许香油。
4 将青椒切丝。
5 火腿切丝。
6 黄瓜、水发木耳分别切丝。
7 胡萝卜去皮切丝。
8 放入锅中焯水。
9 将青椒丝、火腿丝、黄瓜丝、水发木耳丝、胡萝卜丝摆在面条上。
10 将盐、鸡精、辣椒油搅匀成汁，将味汁淋在表面上即可。

### 烹饪妙招

煮挂面用慢火，使热量随着水分由外到内逐层进去，这样煮出来的挂面口感才好。

# 翡翠凉面

烹饪：25分钟　难易度：★☆☆

**原 料**

面条500克，火腿、黄瓜、虾米、鸡肉、榨菜各50克，姜、蒜各适量

**调 料**

盐2克，芝麻油、食用油各2毫升，酱油3毫升，辣椒油2毫升，腐乳汁3毫升，醋4毫升

**做 法**

1 锅内注水烧开。
2 放入面条煮熟，捞出沥干水分。
3 面条加盐、芝麻油、酱油、食用油拌匀。
4 鸡肉煮熟切末。
5 虾米用温水浸泡，切碎。
6 将榨菜切末。
7 将火腿、黄瓜切丝。
8 将姜切末。
9 将蒜去皮洗净，切泥。
10 将处理好的材料搅匀盛碟，和面拌匀食用。

**烹饪妙招**

面条用凉水过一下，再加入芝麻油拌匀，这样做成的凉面更加可口美味。

烹饪妙招

鸡蛋炒制不宜过长，以免炒老。

# 炸酱面

烹饪：3分30秒　难易度：★☆☆

## 原 料

熟面条200克，小黄瓜90克，蛋液60克，肉末80克，干黄酱50克，甜面酱50克，葱花、香菜各少许

## 调 料

鸡粉2克，白糖2克，食用油适量

## 做 法

1 洗净的黄瓜切成丝。
2 往干黄酱中注入适量清水，搅散化开。
3 将干黄酱倒入甜面酱内，搅拌均匀，制成酱汁。
4 备好的蛋液打散搅拌匀。
5 热锅注油，倒入蛋液，翻炒松散后，盛出待用。
6 另起锅注油烧热，倒入肉末，炒至转色后，加入备好的葱花，翻炒出香味。
7 倒入酱汁，快速翻炒均匀，使其充分入味。
8 注入适量清水，倒入鸡蛋、鸡粉、白糖，制成炸酱。
9 将炒好的炸酱浇在面条上。
10 摆放上备好的黄瓜丝、香菜，即可食用。

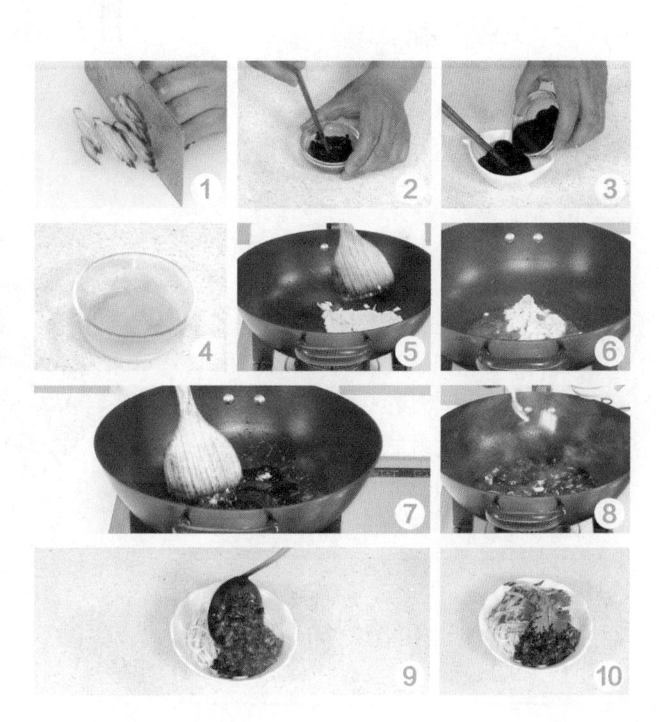

# 金针菇面

⏱烹饪：3分钟 难易度：★☆☆

**原 料** 金针菇40克，上海青70克，虾仁50克，面条100克，葱花少许

**调 料** 盐2克，鸡汁、生抽、食用油各适量

### 做 法

1 金针菇洗净切去根部，切段；上海青洗净切粒；虾仁去虾线切粒；面条切段。
2 汤锅注水，放入鸡汁、盐、生抽，拌匀。
3 放入面条，加入食用油，煮至面条熟透。
4 放入金针菇、虾仁、上海青拌匀煮沸。
5 撒入少许葱花，搅拌匀，盛出即可。

**烹饪妙招**
鸡汁不要放太多，以免掩盖食材本身的鲜味。

# 酸菜肉末打卤面

⏱烹饪：4分钟 难易度：★☆☆

**原 料** 面条60克，酸菜45克，肉末30克，蒜末少许

**调 料** 盐、鸡粉各2克，生抽2毫升，辣椒酱、水淀粉各适量，食用油、芝麻油各少许

### 做 法

1 酸菜切末。锅中注入清水，加入食用油、盐、鸡粉，放入面条，煮熟，捞出待用。
2 用油起锅，倒入肉末、生抽，撒蒜末。
3 倒入酸菜、清水、辣椒酱、盐、鸡粉、水淀粉、芝麻油拌匀入味，浇在面条上。

**烹饪妙招**
酸菜要切得碎些，否则会影响肉末的口感。

# 清炖牛腩面

烹饪：50分钟　难易度：★★☆

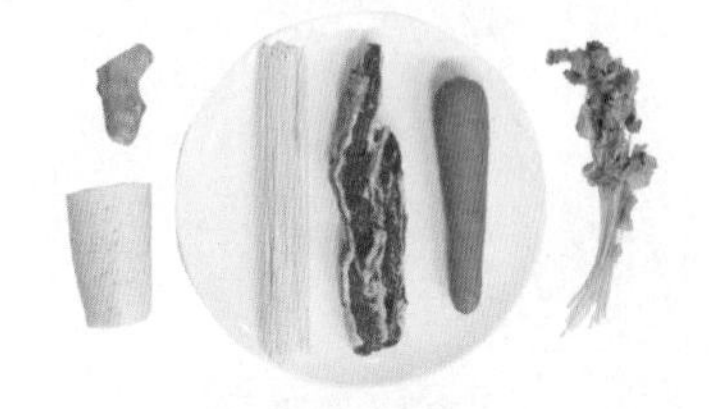

## 原料

面条200克，牛腩250克，白萝卜、胡萝卜各100克，香菜、姜各适量

## 调料

盐、胡椒粉、清汤各适量

## 做法

1 将白萝卜洗净、切滚刀块。
2 姜切丝。
3 将牛腩焯水。
4 牛腩切块。
5 将牛腩块、白萝卜块放入锅中。
6 加入清汤，炖煮约40分钟。
7 锅内注水烧沸。
8 放入面条煮熟。
9 面条捞入碗中。
10 倒入炖好的材料，加香菜、姜丝、盐、胡椒粉，拌匀即可。

**烹饪妙招**

牛腩的纤维组织较粗，结缔组织较多，切牛腩时应横切，将长纤维切断，更易入味。

## 花生酱拌荞麦面

烹饪：3分钟　难易度：★☆☆

**原 料** 荞麦面95克，黄瓜60克，胡萝卜50克，葱丝、花生酱各少许

**调 料** 陈醋4毫升，生抽5毫升，芝麻油7毫升，盐、鸡粉各2克，白糖适量

**做 法**

1 胡萝卜切成细丝，黄瓜洗净切成细丝。
2 荞麦面放入锅中，煮4分钟，捞出过凉。
3 面条装盘，放胡萝卜、黄瓜、葱丝拌匀。
4 小碗中加花生酱、盐、生抽、鸡粉、白糖、陈醋、芝麻油，搅匀，调成味汁。
5 将味汁浇到荞麦面上，搅拌均匀即可。

**烹饪妙招**
煮好的面在凉开水中多泡一会儿，以免面条坨在一起。

## 鸡丝荞麦面

烹饪：5分钟　难易度：★☆☆

**原 料** 鸡胸肉120克，荞麦面100克，葱花少许

**调 料** 盐2克，鸡粉少许，水淀粉、食用油各适量

**做 法**

1 鸡胸肉切成丝，装入碗中，放入盐、鸡粉、水淀粉、食用油拌匀，腌渍10分钟。
2 锅中注入清水烧开，放入食用油、荞麦面、鸡粉、盐，大火煮至面条断生。
3 放入鸡肉丝，转中火续煮至食材熟透。
4 盛出面条，放在汤碗中，撒上葱花即成。

**烹饪妙招**
鸡胸肉丝多腌渍一会，会更入味。

**烹饪妙招**

炒面的时候可添加适量油，以免炒焦。

# 海鲜团式炒面

烹饪：10分钟　难易度：★★☆

## 原料

海瓜子肉、小虾米、小银鱼各30克，面块2块（120克），大葱30克，去皮胡萝卜80克，葱花、七味唐辛子各5克

## 调料

胡椒粉4克，盐2克，生抽5毫升，浓汤宝1个，椰子油、水淀粉各10毫升

## 做法

1. 大葱切小段；胡萝卜切片。
2. 锅中注入清水，放入面块，煮约90秒，捞出沥干待用。
3. 炒锅置火上，放一半椰子油，倒入面条炒至水分收干。
4. 加入一半盐、一半胡椒粉，炒匀调味，再煎炒约2分钟至两面焦黄，中途需翻面1~2次。
5. 关火后盛出炒面，装盘待用。
6. 锅中注椰子油，加大葱爆香。
7. 放入切好的胡萝卜片，颠锅翻炒数下，倒入虾米，放入小银鱼、海瓜子肉，翻炒均匀。
8. 加清水、浓汤宝、生抽搅匀。
9. 加入盐、胡椒粉、水淀粉，搅匀至汤料黏稠。
10. 盛出汤料，放在炒面上，撒上七味唐辛子，放上葱花即可。

# 杂烩面片

烹饪：5分钟　难易度：★★☆

**原料**

面团80克，水发粉丝110克，肉丝50克，黄豆芽70克，蒜苗40克，香菇60克，西红柿170克（半个），面粉少许

**调料**

盐、鸡粉、十三香各1克，生抽、芝麻油各5毫升，胡椒粉、食用油各适量

**做法**

1 蒜苗切小段；西红柿切小块；香菇切小条。
2 将备好的面团擀成薄面皮，切成长条状。
3 往长条面皮上撒少许面粉，抹匀，待用。
4 用油起锅，倒入肉丝，翻炒数下。
5 加入十三香、生抽，注入约600毫升清水。
6 倒入黄豆芽、香菇、西红柿，将食材搅匀。
7 将面皮揪成面片，放入锅中煮2分钟。
8 放入粉丝，加入盐、鸡粉、胡椒粉，搅匀。
9 倒入蒜苗，搅匀，稍煮半分钟至食材熟软。
10 加入芝麻油，搅匀调味即可。

**烹饪妙招**

可以加点番茄酱调味，味道更可口。

烹饪妙招

椒盐饼放入烤盘后，还可再刷一次花生油，可以保持它的色泽亮丽；烤完后，略等一会再打开烤箱门，避免烤好的饼塌陷。

# 椒盐饼

烹饪：30分钟　难易度：★☆☆

**原 料**

面粉500克，酵母3克

**调 料**

椒盐5克，温水、食用油各适量

**做 法**

1 在面粉中加入酵母拌匀。
2 加入适量温水调匀。
3 将面粉和成面团。
4 将面团擀成长方形面皮。
5 表面刷食用油。
6 均匀撒上适量椒盐。
7 从一头卷起，卷成卷。
8 切成段。
9 稍擀成形，饧好。
10 放入烤箱烤熟，取出即可。

好吃又营养

此饼咸中带甜，酥软可口。它的主要营养成分是碳水化合物，还有蛋白质、钙、钾、铁等。

# 椒盐家常饼

烹饪：40分钟　难易度：★☆☆

## 原料

面粉500克

## 调料

盐3克，白糖2克，食用油各适量

## 做法

1 将面粉加盐、白糖搅匀。
2 加入适量温水，和成面团。
3 盖上湿布饧20分钟。
4 将饧好的面团搓成长条。
5 长条切成大小均匀的面剂。
6 将面剂擀成厚薄均匀的圆皮。
7 刷上一层花生油。
8 将面皮卷起，抻搓成长条。
9 盘成圆圈按扁，擀薄成饼坯。
10 锅内注油烧热，放饼坯用小火烙，烙至饼的两面呈金黄色且饼皮酥松，出锅即可。

**烹饪妙招**

烙饼时要注意用小火烙制，直至饼两面的水分烘干，变至金黄色，这样烙出的饼才会酥松可口。

# 香煎葱油饼

烹饪：20分钟　难易度：★★☆

**原 料**

低筋面粉500克，鸡蛋液20克，黄奶油20克，葱花适量

**调 料**

盐3克，食用油适量

**做 法**

1 低筋面粉开窝，倒入鸡蛋液、黄奶油，拌匀。
2 分数次加入少许清水，搅拌均匀。
3 将材料混合均匀，揉搓成光滑的面团。
4 取一碗，放入葱花、盐，搅拌均匀，待用。
5 用擀面杖把面团擀成面皮，把葱花铺在面皮上，卷成长条状，揉搓成面团。
6 用擀面杖擀成面皮，刷上一层食用油，再卷成长条状，揉搓成面团。
7 用擀面杖擀成面皮，再刷上一层食用油，卷成长条状，切成几个小剂子。
8 将小剂子擀成饼状，制成生坯。
9 用油起锅，放入饼坯，煎至两面焦黄色。
10 关火后取出煎好的葱油饼，装入盘中即可。

**烹饪妙招**

葱油饼生坯不宜太厚，否则不易熟透。

# 山药脆饼

烹饪：15分钟　难易度：★★☆

原料 面粉90克，去皮山药120克，豆沙50克，清水40毫升

调料 白糖30克，食用油适量

做法

1 山药切块，蒸至熟透，压成泥。
2 山药泥中倒入面粉、清水，揉成面团，发酵30分钟，将面团掰成小剂子，搓圆，放入豆沙，收紧开口，压扁成圆饼生坯。
3 用油起锅，放入饼坯，煎至脆饼熟透，盛出装盘，均匀撒上白糖即可。

烹饪妙招

面皮不必擀太薄，不然包入豆沙后压扁时容易将豆沙挤出。

# 香煎叉烧圆饼

烹饪：60分钟　难易度：★★☆

原料 糯米粉500克，澄面100克，叉烧150克

调料 猪油100克，糖100克，清水150毫升

做法

1 糯米粉开窝，加入糖、澄面、猪油、水，揉成面团。分成每个30克，压扁成面片。
2 每个面皮内包入15克的叉烧馅，收口成形。
3 放入蒸锅，用猛火蒸约8分钟，再取出来。
4 取平底锅，加油烧热，放入圆饼先煎至一面金黄色，再翻一下，煎至另一面也呈金黄色，取出装盘即可。

烹饪妙招

蒸笼底部可刷上一层油，或垫上纱布，以便取出面饼。

# 香菇油菜包

烹饪：45分钟 难易度：★★☆

## 原 料

面粉500克，油菜300克，香菇、豆腐各100克，粉丝50克，葱、姜、碱、酵母各适量

## 调 料

盐、糖、食用油、芝麻油各适量

## 做 法

1 将面粉加水、碱、酵母，揉成面团。
2 将香菇泡发、洗净切碎；豆腐切碎。
3 葱、姜分别洗净切末。
4 将粉丝煮熟。
5 捞出用凉水冲洗，剁碎。
6 将油菜烫软后用凉水冲洗后剁碎，沥干水分。
7 将所有的馅料放入盆中。
8 加入葱末、姜末、盐、糖、芝麻油、食用油，拌匀成馅。
9 将发好的面团切小段，擀成包子皮。
10 包入调好的馅，放入蒸锅蒸20分钟即可。

**烹饪妙招**

香菇需要在开水中焯烫一下，捞出沥干后切碎使用。

# 冬瓜肉包

烹饪：45分钟　难易度：★☆☆

## 原 料

面粉500克，去皮冬瓜300克，猪瘦肉100克，酵母、葱、姜、碱各适量

## 调 料

盐2克，酱油3毫升，香油适量

## 做 法

1 面粉加酵母、温水适量，揉匀，待发酵后加碱揉匀，除去酸味。
2 将猪瘦肉洗净，剁成泥。
3 将葱、姜洗净切末。
4 瘦肉泥加酱油、芝麻油、葱末、姜末搅匀待用。
5 将去皮冬瓜洗净，剁成细粒，再加少量盐拌匀，包入纱布中，挤去水分。
6 将冬瓜粒加入肉馅内调拌成馅。
7 将面团揪成大小均匀的剂子，擀成包子皮。
8 将馅放在皮上，把包子捏好。
9 将捏好的包子放入蒸笼。
10 用旺火蒸15分钟，取出装盘即可。

**烹饪妙招**

选用的猪肉最好肥瘦相间，三分肥，七分瘦，这样制成的肉馅味道鲜美。

**烹饪妙招**

选用芹菜时要选择新鲜、菜梗细的芹菜，这样的芹菜没有老筋、口感好。

# 牛肉芹菜包

烹饪：40分钟　难易度：★★☆

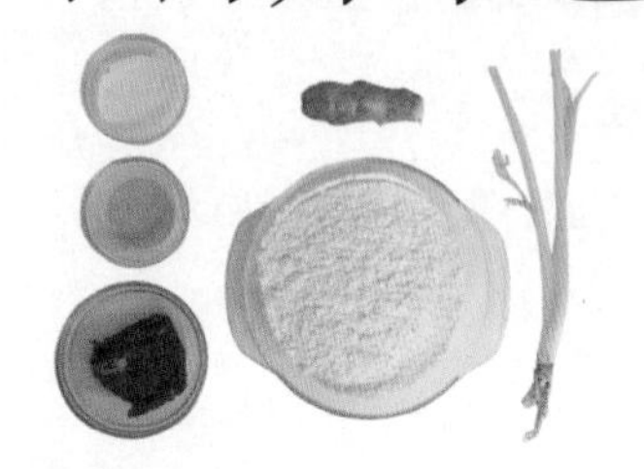

**原 料**

面粉500克，牛肉200克，芹菜150克，姜、碱、酵母各适量

**调 料**

盐4克，白糖2克，豆瓣酱、江米酒、食用油各适量

**做 法**

1 将姜切末，芹菜切成细末。
2 将牛肉洗净，切细备用。
3 锅内煮食用油烧热，放入豆瓣酱，炒酥后起锅。
4 在牛肉、姜末、芹菜末中放入盐、白糖、豆瓣酱、江米酒。
5 搅拌均匀，制成馅料。
6 面粉加酵母、温水，揉匀。
7 待面团发起，兑入适量碱揉匀，擀成大小均匀的圆皮。
8 将馅料放入圆皮的中间，手边捏紧，制成包子生坯。
9 将包子生坯摆入屉中。
10 用旺火沸水蒸熟，取出装盘即可。

烹饪妙招

要选用新鲜细嫩的牛肉，这样的牛肉纤维细嫩，味道鲜美，容易消化吸收。

# 洋葱牛肉包

烹饪：40分钟　难易度：★★☆

## 原 料

面粉500克，牛肉、洋葱各250克，葱汁、姜汁各50毫升，碱、酵母各适量

## 调 料

盐4克，白糖2克，酱油、芝麻油各适量

## 做 法

1 将面粉、酵母、碱、白糖放在盛器内混合均匀，加水揉成面团。
2 将牛肉洗净，剁成肉馅。
3 牛肉馅加入盐、酱油、芝麻油拌匀。
4 加入葱汁、姜汁。
5 将牛肉先以顺时针方向搅拌上劲，直至牛绞肉完全吃足水上劲。
6 将洋葱切末，放入盛器内。
7 加入牛肉馅，搅拌均匀，放入盛器内备用。
8 将发好的面团分成小块，再擀成面皮。
9 包入馅，捏好。
10 放入锅中蒸熟，取出即可。

# 白萝卜水饺

烹饪：30分钟　难易度：★☆☆

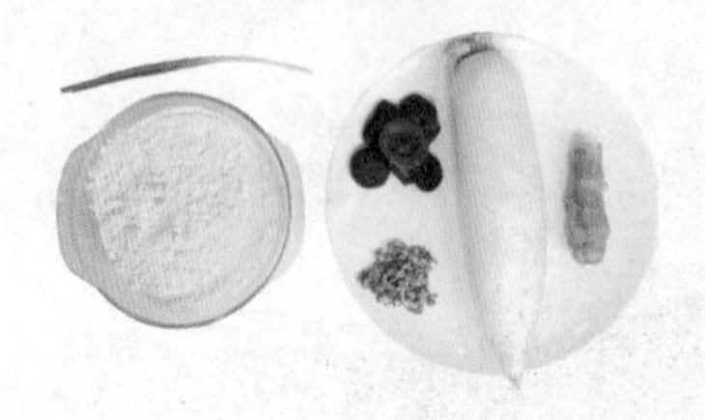

### 原 料

面粉500克，白萝卜600克，香菇80克，虾米50克，葱、姜各适量

### 调 料

盐3克，白糖1克，胡椒粉1克，芝麻油、猪油各适量

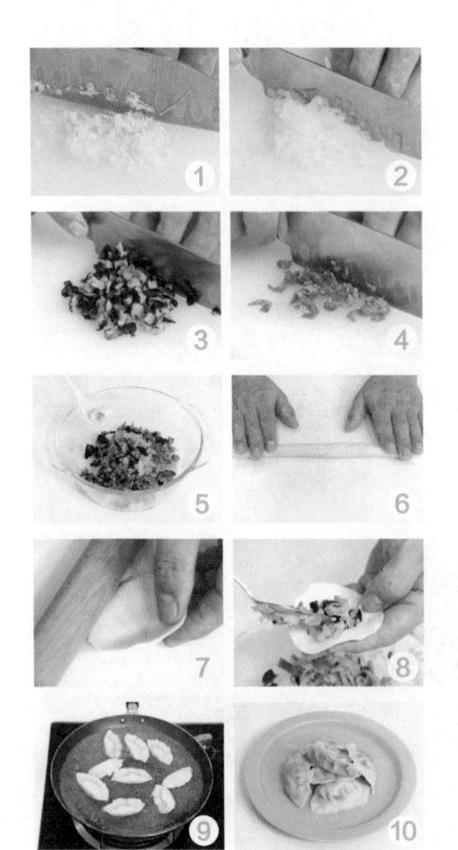

### 做 法

1 将葱、姜洗净切末。
2 将白萝卜洗净、切丝，焯一下，过凉剁碎，挤干。
3 将香菇洗净沥干，切碎。
4 将虾米泡好，剁碎。
5 将白萝卜碎、葱末、姜末、盐、白糖、胡椒粉、芝麻油、猪油拌匀，制成馅料。
6 面粉加水和成面团，饧好，搓成长条。
7 将长条切成剂子，擀成大小均匀、边缘较薄、中间略厚的饺子皮。
8 包入馅料，捏成饺子生坯。
9 锅内注水烧热，放入饺子生坯煮熟。
10 煮熟后捞出，盛盘即可。

**烹饪妙招**

白萝卜水分较饱满，味道鲜美，放入开水中焯烫时间短一些可以保持萝卜的鲜美。

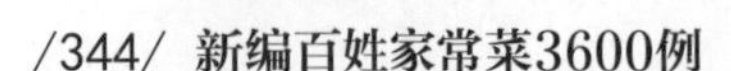

# 芹菜猪肉水饺

烹饪：20分钟　难易度：★★☆

**原 料** 芹菜100克，肉末90克，饺子皮95克，姜末、葱花各少许

**调 料** 盐、五香粉、鸡粉各3克，生抽5毫升，食用油适量

**做 法**

1 芹菜切碎，撒少许盐，腌渍10分钟。
2 将芹菜碎、姜末、葱花倒入肉末中，加入调料，制成馅料。
3 饺子皮中放上少许的馅料，将饺子皮对折，两边捏紧。
4 锅中注水，倒入饺子生胚，煮熟即可。

**烹饪妙招**
喜欢偏辣口味，可在肉末中放入适量的剁椒。

# 韭菜鲜肉水饺

烹饪：20分钟　难易度：★★☆

**原 料** 韭菜70克，肉末80克，饺子皮90克，葱花少许

**调 料** 盐、鸡粉、五香粉各3克，生抽5毫升，食用油适量

**做 法**

1 韭菜切碎，倒入肉末中，撒葱花，拌入调料，制成馅料。
2 饺子皮中放上少许的馅料，将饺子皮对折，两边捏紧。
3 锅中注水，放入饺子生胚，煮熟即可。

**烹饪妙招**
切碎的韭菜可先放油拌匀，可以避免韭菜接触盐分而析出过多水分。

# 三鲜蒸饺

烹饪：45分钟　难易度：★★★

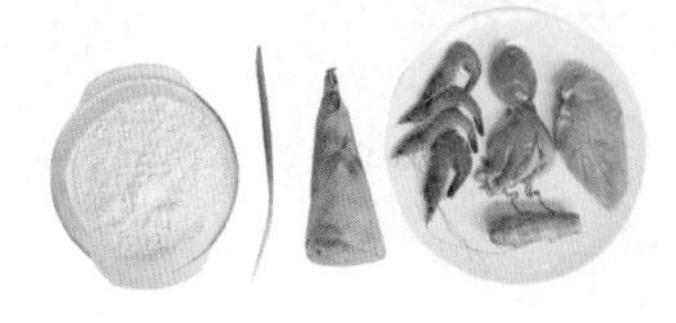

## 原料

面粉500克，鸡肉250克，八爪鱼、大虾各100克，笋50克，葱花、姜末各适量

## 调料

盐2克，花椒粉2克，淀粉适量，酱油3毫升，芝麻油、食用油各适量

## 做法

1 将鸡肉洗净。
2 剁成碎丁。
3 将八爪鱼、笋分别洗净，切丁。
4 将大虾去皮、虾线。
5 洗净切成丁。
6 将上述材料加入所有调料，拌匀成馅。
7 把面粉放在案板上，用开水烫好，揉成面团。
8 将面团揉匀搓成长条，揪成剂，擀成圆形薄皮。
9 包入馅，捏合成月牙形的饺子。
10 把饺子放入蒸锅，蒸熟、取出即可。

**烹饪妙招**

将鸡肉、八爪鱼、大虾先加酱油腌渍入味，可以提升馅料口感。

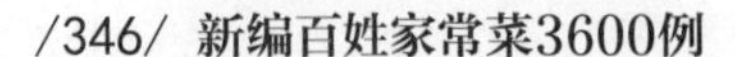

# 香菇冬瓜蒸饺

烹饪：45分钟　难易度：★★☆

## 原料

面粉500克，去皮冬瓜、泡发香菇、猪肉、火腿各100克，葱、姜各适量

## 调料

盐、胡椒粉、淀粉、猪油、芝麻油、食用油各适量

## 做法

1 将葱、姜洗净切末。
2 将猪肉、香菇洗净，切丁。
3 将火腿切细丁。
4 将去皮冬瓜洗净切细丁。
5 焯烫后沥干。
6 锅内煮花生油烧热，放猪肉丁、香菇丁、火腿丁、冬瓜丁煸炒。
7 放葱末、姜末、盐、胡椒粉、香油、猪油翻炒均匀。
8 最后用水淀粉勾芡制成馅料。
9 面粉加水揉成面团，擀成合适的饺子皮。
10 包上馅，捏成蒸饺生坯。将蒸饺上屉，用旺火沸水蒸熟，取出即可。

**烹饪妙招**

煸炒猪肉丁、香菇丁、火腿丁、冬瓜丁时，要用旺火，时间要短，略炒即可，炒得过熟会影响馅料口感。

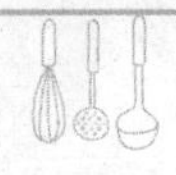

**烹饪妙招**

鸡肉部位建议选用鸡胸肉，此部分肉质松软，无筋，适合成馅料。

# 荸荠鸡肉饺

烹饪：35分钟　难易度：★☆☆

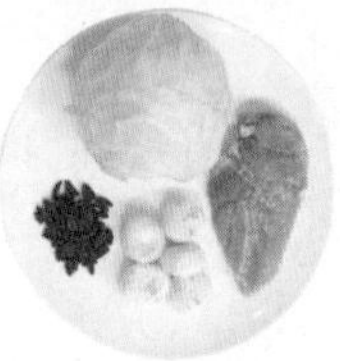

## 原 料

面粉、鸡肉各300克，荸荠150克，枸杞子、卷心菜各适量

## 调 料

盐2克，酱油3毫升，白糖1克，芝麻油少许，胡椒粉、食用油各适量

## 做 法

1 将鸡肉冲洗净，切成碎粒。
2 卷心菜、荸荠分别切成碎粒。
3 将枸杞子洗净，蒸熟。
4 将上述材料加盐、酱油、白糖、芝麻油、胡椒粉、食用油调匀成馅。
5 面粉加水揉成面团。
6 将面团揪成大小均匀的剂子。
7 擀成饺子皮。
8 饺子皮包入适量馅，捏成饺子生坯。
9 将饺子生坯放入蒸笼。
10 用大火蒸熟，取出装盘即可。

# 锅贴饺

烹饪：10分钟 难易度：★★☆

**原 料** 饺子皮数张，水发木耳40克，胡萝卜90克，芹菜70克，青豆80克，肉馅100克

**调 料** 盐2克，白糖3克，芝麻油4毫升，食用油适量

**做 法**

1 胡萝卜、芹菜、木耳切粒，加入青豆、盐、白糖、芝麻油、肉馅，拌成馅料。
2 取适量馅料，放在饺子皮上，制成生坯。
3 生坯放入蒸笼里，大火蒸3分钟左右后取出，蒸好即可。

**烹饪妙招**
事先将青豆煮熟，这样可以加快馅料熟透。

# 南瓜锅贴

烹饪：60分钟 难易度：★★☆

**原 料** 去皮南瓜350克，面粉150克，葱碎、姜末各少许

**调 料** 盐、鸡粉各1克，五香粉2克，食用油适量

**做 法**

1 南瓜切小粒，倒入葱碎、姜末，加入盐、鸡粉、食用油、五香粉，拌成馅料。
2 面粉发好，搓成面皮，取南瓜馅料放入面皮中，制成中间有凹槽的包子形生坯。
3 生坯放入锅中，蒸10分钟。用油起锅，放入南瓜锅贴煎10分钟，盛出即可。

**烹饪妙招**
如果喜欢吃肉馅的，可以在馅料里加点五花肉末。

# 金丝馄饨

烹饪：8分钟　难易度：★★☆

## 原料

面粉160克，肉馅190克，蛋饼30克，冬笋50克，葱末7克，姜末3克，香菜碎3克

## 调料

盐3克，鸡粉3克，生抽3毫升，芝麻油适量

## 做法

1 将蛋饼切成丝。
2 洗净的冬笋切片，再切成条，转切成丁。
3 将肉馅、冬笋、姜末、葱末放入碗中，加入适盐、鸡粉，生抽，制成馅料。
4 面粉注入适量清水，和成面团。
5 将和好的面团盖上保鲜膜，饧20分钟，取出。
6 将面团揉压成长条，揪出数个小剂子，按压成小面团，用擀面杖将小面团擀成馄饨皮。
7 将制好的馅料放入馄饨皮中，包起来。
8 热锅注水煮沸，放入馄饨，煮3分钟。
9 盖上锅盖，转小火，续煮3分钟。
10 在备好的碗中放入盐、鸡粉、适量芝麻油，倒入煮好的馄饨，放入蛋饼、香菜即可。

**烹饪妙招**

水沸腾后馄饨要一个一个下锅，防止馄饨破皮。

**烹饪妙招**

选用猪胫骨熬汤，要大火熬煮至汤浓色白，以此汤煮馄饨能提升鲜味。

# 京味馄饨

烹饪：40分钟　难易度：★★☆

**原 料**

面粉300克，猪肉、猪胫骨各250克，虾皮25克，熟粉丝、香菜、紫菜、葱、姜各适量

**调 料**

盐2克，胡椒粉2克，酱油、芝麻油各适量

**做 法**

1 将葱、姜洗净切末。
2 将猪肉洗净剁泥。
3 将香菜洗净切小块。
4 将紫菜洗净切小块。
5 将猪胫骨洗净，煮成馄饨汤。
6 将猪肉泥加酱油、盐、熟粉丝、葱末、姜末、芝麻油、适量水。
7 搅匀，制成馅料。
8 将馅包入馄饨皮中。
9 放入汤中煮熟。
10 盛入碗内，加入酱油、虾皮、紫菜块、香菜段、胡椒粉即可。

# 板栗牛肉粥

烹饪：37分钟　难易度：★☆☆

**原料** 板栗肉70克，牛肉片60克，水发大米120克

**调料** 盐2克，鸡粉少许

**做法**

1 砂锅注清水，倒入大米，小火煮15分钟。
2 倒入板栗，用中火煮20分钟至其熟软。
3 倒入牛肉片，加入少许盐、鸡粉，搅拌匀，用大火略煮，至肉片熟透，最后盛出装碗即可。

**烹饪妙招**

可加入适量高汤，使味道更鲜美。

# 小绍兴鸡粥

烹饪：32分钟　难易度：★☆☆

**原料** 鸡肉300克，水发大米100克，姜7克，葱7克

**调料** 盐3克，鸡粉3克

**做法**

1 葱切葱花，姜切末，备用。
2 锅中注入清水烧热，倒入鸡肉、大米、姜末，煮开；撇清浮沫，小火焖半小时。
3 放入盐、鸡粉，搅拌调味。
4 放入葱花，充分搅拌匀， 将煮好的粥盛出，装入碗中即可。

**烹饪妙招**

此粥要薄而黏稠，加入葱、姜，风味尤佳。

# 山药鸡丝粥

烹饪：52分钟 难易度：★☆☆

**原料** 水发大米120克，上海青25克，鸡胸肉65克，山药100克

**调料** 盐3克，鸡粉2克，料酒3毫升，水淀粉、食用油各适量

**做法**

1 上海青切碎；山药切丁；鸡胸肉切丝。
2 鸡肉丝加入少许盐、鸡粉、料酒、水淀粉、食用油，腌渍10分钟。
3 砂锅注清水烧热，倒入大米、山药丁，小火煮40分钟，放鸡肉丝，加入盐、鸡粉，撒碎上海青，中火煮5分钟即可。

**烹饪妙招**
放入鸡肉时可用大火拌煮，这样肉的口感才更好。

# 鸡肝粥

烹饪：47分钟 难易度：★☆☆

**原料** 鸡肝200克，水发大米500克，姜、葱各少许

**调料** 盐1克，生抽5毫升

**做法**

1 鸡肝切条，葱切葱花，姜切丝。
2 砂锅注水，倒入大米，大火煮开后转小火煮40分钟，加入鸡肝、姜丝，盐、生抽。
3 煮5分钟至鸡肝熟透，放入葱花，拌匀。
4 关火后盛出煮好的鸡肝粥，装碗即可。

**烹饪妙招**
鸡肝先用调料腌渍一会儿再煮，能使粥品味道更鲜美。

好吃又营养
鲈鱼含蛋白质、脂肪、碳水化合物等营养成分，对肝肾不足的人有很好的补益作用。

# 清汤鲈鱼粥

烹饪：40分钟　难易度：★★★

## 原料

稀粥1碗，菠菜200克，鲈鱼肉150克，鸡胸肉25克，火腿、陈皮、葱段、姜丝、鸡蛋清各适量

## 调料

胡椒粉2克，盐2克，水淀粉少许，清汤适量，料酒3毫升，食用油适量

## 做法

1 将鲈鱼肉洗净切丝。
2 鸡胸肉、火腿、陈皮分别洗净，切丝。
3 鲈鱼丝加入鸡蛋清、盐、料酒、水淀粉上浆。
4 将菠菜择净，焯水，沥干；姜丝制成汁。
5 炒锅注食用油烧热，放入鲈鱼丝滑散呈白色。
6 捞出沥油。
7 锅中注入清汤，放入葱段、盐，煮沸。
8 拣出葱段，加姜汁，用水淀粉勾芡。
9 放入鲈鱼丝、菠菜、鸡胸肉丝、火腿丝、陈皮丝、稀粥一起煮粥。
10 撒入胡椒粉煮开，盛出装碗即可。

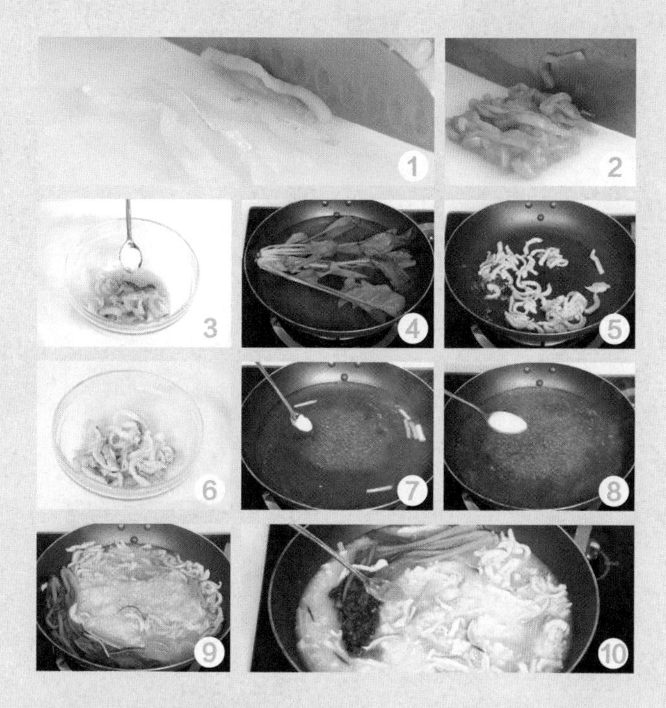

**烹饪妙招**

鲈鱼肉用料酒腌渍，能除去腥味，并能使鲈鱼的味道更加鲜美。

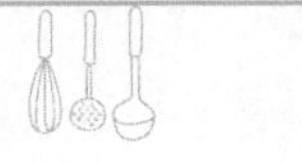

**烹饪妙招**

粥煮好后可淋入适量芝麻油，这样味道会更好。

# 砂锅鱼片粥

烹饪：33分钟 难易度：★☆☆

**原 料**

大米200克，草鱼肉130克，蛋清适量，姜、香菜各少许

**调 料**

盐、鸡粉各2克，生粉少许

**做 法**

1 洗好的草鱼肉用斜刀切片，装碗待用。
2 在草鱼肉里加入盐、蛋清、生粉，拌匀，腌渍10分钟至其入味，备用。
3 姜洗净后去皮，切成姜丝；将香菜洗净后择菜叶，备用。
4 砂锅中注入适量清水。
5 倒入洗好的大米，拌匀。
6 盖上盖，用大火煮开后转小火煮30分钟至大米熟软。
7 揭盖，加入盐、鸡粉，拌匀。
8 放上姜丝，倒入腌好的鱼片，略煮片刻至鱼肉熟软。
9 关火后盛出煮好的粥，装入碗中。
10 点缀上香菜叶即可。

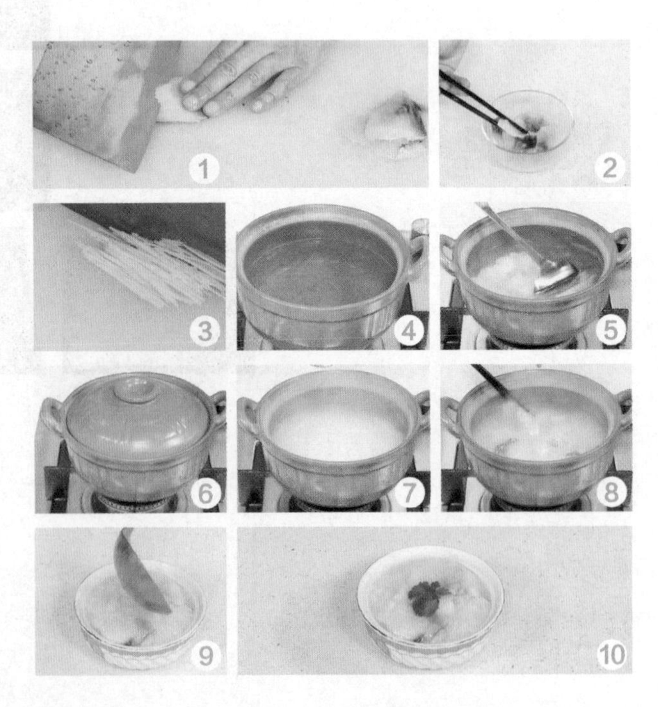

**烹饪妙招**

加入米酒可以使海鲜的味道更浓郁，而口感也会比较好。

# 海鲜粥

⏱烹饪：10分钟　难易度：★☆☆

**原 料**

白米饭400克，鲜虾200克，蛤蜊150克，高汤800毫升，芹菜末20克，姜丝少许

**调 料**

盐2克，鸡粉3克，米酒适量

**做 法**

1 将洗净的鲜虾切去虾须，背部横刀切开，去除虾线。
2 用手掰开蛤蜊，取出蛤蜊肉，切去内脏。
3 砂锅置于火上，倒入高汤、白米饭、姜丝。
4 加入盐，搅拌均匀。
5 加盖，大火煮开转小火煮5分钟至熟。
6 揭盖，倒入鲜虾、蛤蜊。
7 加入鸡粉、米酒，拌匀。
8 加盖，大火焖2分钟至入味。
9 揭盖，倒入芹菜末，拌匀，稍煮片刻。
10 关火后将煮好的粥装入碗中即可。

## 海虾干贝粥

⏱烹饪：24分钟 难易度：★☆☆

**原 料** 水发大米300克，基围虾200克，水发干贝50克，葱少许

**调 料** 盐2克，鸡粉3克，胡椒粉、食用油各适量

**做 法**

1 虾切去头部，背部切上一刀；干贝用清水泡发后沥干；葱切葱花。
2 砂锅中注清水，倒入大米、干贝，大火煮开转小火煮20分钟，倒入虾，煮至转色。
3 加入食用油、盐、鸡粉、胡椒粉，拌匀。
4 将煮好的粥盛出，撒上葱花即可。

**烹饪妙招**
煮粥时加入食用油能使粥的口感更好。

## 胡萝卜粳米粥

⏱烹饪：37分钟 难易度：★☆☆

**原 料** 水发粳米100克，胡萝卜80克，葱少许

**调 料** 盐、鸡粉各2克

**做 法**

1 胡萝卜切丁；葱切葱花；粳米洗净。
2 锅中注清水烧开，倒入胡萝卜丁、粳米。
3 烧开后用小火煮约35分钟，至食材熟透。
4 揭盖，加入少许鸡粉、盐，拌匀调味。
5 撒上葱花，关火后盛出粳米粥，装入碗中即成。

**烹饪妙招**
粳米可用温水泡开，这样能缩短烹煮的时间。